Einführung zu diesem Reprint

Vor 37 Jahren, im Jahr 1965, brachte der Kosmos-Verlag, die damalige Franckh'sche Verlagshandlung, Stuttgart, erstmals diesen Band von Karl-Ernst Maedel heraus. Wenige Bücher über die Eisenbahn haben jemals so viele Freunde gefunden wie diese Kombination aus Erlebnisberichten, Geschichten und damals z. T. erstmals zusammengestellte Übersichten, Tabellen, Eröffnungsdaten, Zuggattungen, Kennzeichnungen, Spurweiten u. ä.
Die Nachfrage war so enorm, daß nur zwei Jahre später die zweite Auflage erschien, die nun seit mehr als 30 Jahren vergriffen ist. Dieser Bestseller ist – genauso wie sein Autor – allen Eisenbahnfreunden zu einem Begriff geworden.
Mit der Neuauflage des Klassikers der Eisenbahnliteratur in Form eines Kosmos-Klassiker-Reprints entspricht der Verlag einem seit über 20 Jahren unentwegt an ihn herangetragenen Wunsch vieler Eisenbahnfreunde, der alten wie der jungen, dieses Buch besitzen zu wollen.
Und so qualmt und zischt es wieder auf den folgenden Seiten. In diesem schwungvoll und doch wissenschaftlich exakt geschriebenen, begeisternden Buch wird dem Leser noch einmal die facettenreiche Zeit der Dampfloks vor Augen geführt. Zwar ist die „Weite Welt des Schienenstrangs" in der seit der ersten Auflage vergangenen Zeit noch weiter geworden, aber der Inhalt hat trotzdem bis heute seine Gültigkeit nicht eingebüßt. Die 80 heute schon historischen Abbildungen sind eine Augenweide für alle, die sich in ihrem Herzen noch einen Platz bewahrt haben für die Zeit der Dampflok.

Stuttgart, im Juli 2002

Die Deutsche Bibliothek - CIP-Einheitsaufnahme

Ein Titelsatz für diese Publikation ist bei der
Deutschen Bibliothek erhältlich

© 2002, Franckh-Kosmos Verlags-GmbH & Co., Stuttgart
Alle Rechte vorbehalten
ISBN 3-440-08581-3
Umschlagneugestaltung von Atelier Reichert, das Foto (Fischach) zeigt den Blick über das Lichtermeer des Hauptbahnhofs Tokio
Lektorat und Herstellung: Siegfried Fischer, Stuttgart
Printed in Czech Republic/Imprimé en République tchèque
Faksimile-Reproduktion: Typomedia Satztechnik, Ostfildern
Druck und Bindung: Tesínská Tiskárna AG, Cesky Tesín

Karl-Ernst Maedel

WEITE WELT
DES
SCHIENENSTRANGS

Kosmos

Einsames Signal, Symbol für die weite, Kontinente und Völker umspannende Welt des Schienenstranges. (Foto: Müll)

WEITE WELT
DES SCHIENENSTRANGS

VON GROSSEN BAHNEN, KÜHNEN BAUTEN,
SCHNELLEN ZÜGEN UND LOKOMOTIVEN
IN ALLER WELT

VON

KARL-ERNST MAEDEL

unter Mitarbeit von W. Biedenkopf, A. Haas, W. Messerschmidt
Mit 18 Zeichnungen und einer Schaukarte im Text
5 Farb- und 57 Schwarzweißfotos
auf 37 Kunstdrucktafeln

2. Auflage

FRANCKH'SCHE VERLAGSHANDLUNG STUTTGART

Schutzumschlag – Blick über das Lichtermeer des Hauptbahnhofs Tokio bei Nacht (Farbfoto: Fischach) – gestaltet von Edgar Dambacher.
Textzeichnungen von Arnold Müll; die Schaukarte der Schwarzwaldbahn (Zeichner: Leo Faller) wurde freundlicherweise von der Deutschen Bundesbahn zur Verfügung gestellt.
Vorderer Vorsatz: Der sogenannte „Interzonenzug" Frankfurt (M) – Leipzig nimmt die Steigung von Bebra zum Höncbacher Tunnel (Foto Maedel).
Hinterer Vorsatz: Schnellzug nach Frankfurt (M) durchfährt Heigenbrücken im Spessart. Hinter der Lok läuft ein neuer TEE-Aussichtswagen (Foto Maedel).

WEITE WELT DES SCHIENENSTRANGS

Am Anfang war das Rad

Der Weg hat uns aus der Stadt hinausgeführt bis dorthin, wo die Hauptbahn aus dem Tal in die Berge hinauf schwenkt.

Die Schranke, die unsere Straße gegen die Bahngleise hin absichert, ist geschlossen. Wir sind beiseite getreten, um uns die Vorbeifahrt eines Zuges nicht entgehen zu lassen. Die Bahnstrecke liegt in großem Bogen vor uns, die Trasse gewinnt hier bereits an Höhe, sie überquert dabei die Bundesstraße. Eine lange Reihe von Kraftfahrzeugen sammelt sich an. Der Schrankenwärter hat die Schlagbäume etwas zu zeitig heruntergelassen, ein vorsichtiger Mann, der kein Risiko eingeht.

Am ruckweisen Aufheulen der Motoren spüren wir die Ungeduld der Kraftfahrer. Vielleicht murren sie über das Verkehrshindernis Eisenbahn. Sie sollte längst abgeschafft werden, diese veraltete, altmodische Einrichtung. Man ist ungeduldig über die Unterbrechung, die zu einer außerplanmäßigen Rast zwingt, und tritt nervös auf das Gaspedal.

Der Schrankenwärter ist aus seinem Häuschen getreten. Gleich muß der Zug kommen. Die Strecke wird elektrisch betrieben, sonst könnte man den Zug schon frühzeitig hören. Die Dampfmaschine hätte sich mit weithin hallenden Auspuffschlägen minutenlang vorher angemeldet, zumal hier in der Steigung. Was wird es für ein Zug sein? Wie viel geheimnisvolle Spannung geht doch von solch einer geschlossenen Bahnschranke aus? Ob es ein Schnellzug ist? Der „Riviera-Expreß"? Vielleicht der „Rheinpfeil" oder der „Blaue Enzian"? Vielleicht nur ein Personenzug, einer von denen, die lächerliche vier Wägelchen führen und all die kleinen Bahnhöfe und Haltepunkte abklappern. Oder ist es die Rangierlokomotive, die im benachbarten Industriewerk Verschiebedienst verrichtet hat und nun ins heimatliche Betriebswerk zurückkehrt?

„Pfui Teufel", hören wir den Schrankenposten schimpfen und mit den Armen in der Luft herumfuchteln, „pfui Teufel, verflixter Benzingestank!"

Unser Blick schweift suchend die Schienenstränge entlang, die unser kleines Fleckchen Erde hier mit der großen Welt verbinden, die Schienenstränge, die noch immer die Schlagadern der Welt sind, wenn auch die Landstraße und die Autobahnen eine ernstzunehmende Konkurrenz bedeuten. Nein, sie sind noch immer die Bänder, die gleich eisernen Klammern die Welt umspannen, Ost und West, Nord und Süd. Was wäre unsere Welt ohne die Schienen?

Jetzt aber kommt der Zug die Krümmung herauf. Es ist ein Güterzug, an der Spitze brummt eine E 50 daher, eine der stärksten Lokomotiven der Deutschen Bundesbahn. Was für ein langer Zug! Seine Geschwindigkeit ist nur mäßig, die Steigung macht sich bereits bemerkbar. Mit hohem Summton poltern die sechs Achsen der E 50 an uns vorüber, eine endlos scheinende Wagenschlange rollt hinter ihr drein. Gerade vor unserem Standplatz liegt noch ein Schienenstoß, die Verbindung zweier Schienen mittels eiserner Laschen. Jedesmal, wenn eine Wagenachse darüberläuft, gibt es einen Schlag, Schienen samt Schwellen senken sich unter der Last des Rades.

96 Wagenachsen poltern über jenen Schienenstoß, 96 mal schlägt Eisen auf Eisen mit einem hellen, metallischen Klang, 96 Wagenachsen, das sind 192 Räder. Wieviel Räder mögen täglich über diesen Schienenstoß rattern? Wie oft klingt es täglich, stündlich, minütlich irgendwo in der Welt „tamm tamm — — tamm tamm — — tamm tamm — —?“ Jener seit hundert Jahren so wohlbekannte Eisenbahnrhythmus, Melodie des Rades, das auf den blanken Schienen rollt?

Räder, immer wieder Räder! Während der Zug entschwindet, die letzte Achse mit ihrem „tamm“ über den Schienenstoß gepoltert ist, öffnen sich die Schlagbäume, Motoren heulen auf, die lange Autoschlange setzt sich in Bewegung. Auch hier beginnt sich eine Vielzahl von Rädern zu drehen, schneller, immer schneller. Überall in der Welt drehen sich Räder, auf allen Straßen, auf allen Schienensträngen, von Sibirien bis Kapstadt, vom Eismeer bis zum Äquator.

Während die letzten Autos verschwinden und die Wolke übler Auspuffdämpfe sich langsam verflüchtigt, schweifen unsere Gedanken zurück, weit in die Vergangenheit hinein, in die lange, unendlich lange Geschichte vom Rad und seiner Bahn. Es ist gut, von Zeit zu Zeit einmal zurückzublicken, wie sollen wir sonst den Wert der Gegenwart ermessen, wenn wir nicht ihr Verhältnis zur Vergangenheit abschätzen lernen?

Am Anfang war das Rad.

Es gibt einige ganz markante Stationen in der Entwicklung der Menschheit, in der Entwicklung vom javanischen Affenmenschen zum Erdbewohner im letzten Drittel des zwanzigsten Jahrhunderts, vom Neandertaler zum Wohlstandsbürger unserer Tage. Jede Epoche hat das Dasein des Menschen grundlegend gewandelt. Es waren immer jene Sternstunden, während welchen der göttliche Funke im Gehirn irgendeines Grüblers, eines Tüftlers zündete und es zu einem außergewöhnlichen Denkvorgang befähigte. Die Erfindung des Feuers ist das Ergebnis einer jener Sternstunden, die Erfindung der Metallschmelze. Oder die Entdeckung von der Drehung der Erde, die Erfindung der Dampfmaschine, der Elektrizität, der Atomspaltung. Welch tiefgreifende Wirkung übten jene einsamen Schöpfungen auf das Leben aller Menschen aus, Umwälzungen, in ihren Auswirkungen erst von späteren Generationen ganz erkannt.

Auch die Erfindung des Rades gehört zu jenen Sternstunden.

Wir wissen nicht, wo es entstanden ist. Wir kennen seinen Erfinder nicht, es ist uns nicht das geringste überliefert worden, was irgendeinen Anhaltspunkt ergeben könnte. Gewiß zählen wir Landschaften und Gegenden, die mit Sicherheit für eine derartige rollende Bewegung ausscheiden. Urwälder, Sümpfe, wilde, zerklüftete Hochgebirge. Dort kennt man bis heute noch kein Rad, dort schleppt heute noch der Mensch die Last, oder er bedient sich des Tieres, Pferd, Esel, Rind, Kamel, Elefant, Lama.

Nein, das Rad gehört auf festen Boden, es braucht eine feste Unterlage, einen Weg, eine Straße, eine Bahn. Und eine weitere Erkenntnis dämmert in uns auf:

Rad und Wagen stehen am Anfang der Geschichte des Schienenstranges.

Das Rad für sich allein genügt noch nicht, es zieht zwangsläufig eine zweite Erfindung unmittelbar nach sich, die des Wagens. Zum Rad gehört die Achse, zur Achse ein Gestell als Tragfläche für den Lastentransport.

Die vergleichenden Sprachforscher haben festgestellt, daß Rad und Wagen im Bereich der indoeuropäischen Sprachen, also des Sanskrit und Litu-Slawischen bis zum Keltischen, aufgekommen sein müssen. Ja, man sagt den Kelten nach, daß sie sich besonders eng mit Rad und Wagen angefreundet hätten. Fast alle sprachlichen Bezeichnungen für die Wagenarten im Spätlateinischen gehen auf keltische Worte zurück, die Kelten müssen also damals schon sehr reiselustig gewesen sein. Verwundert berichten die alten Schriftsteller, wie das Fahren von Personen auf Wagen bei den Kelten besonders viel Freude erregt habe.

Gewiß, auch vor der Erfindung des Rades hat man bereits Lasten befördert. Noch viel älter ist bekanntlich die Walze, der umgelegte Baumstamm, mit dessen Hilfe man eine Last fortbewegen kann. Freilich, eine arge Plackerei war es schon damit, denn, sollte etwas fortbewegt werden, mußte die unter der Ladung nach hinten auslaufende Walze schnell von vorn wieder daruntergeschoben werden, wenn man vorankommen wollte. Irgendein findiger Kopf — oder war es ein Faulpelz? — hat dann die Idee gehabt, eine Scheibe von dieser Walze abzuschneiden, ein Loch hinein zu bohren, eine Stange hindurch zu stecken und an das andere Ende eine zweite Scheibe zu befestigen. Die erste Achse war fertig. Freilich, sie drehte sich mit den Rädern, die Lagerung des darauf gesetzten Wagens wurde alsbald ausgeschliffen und abgeschabt, es ging auch nur langsam und holpernd voran. Können wir uns aber ausmalen, welches Glück den Erfinder, der erstmals dieses primitive Gefährt zusammengebastelt hatte, erfüllt haben muß?

Diese ersten Wagen sollen mit ihren kreischenden und schabenden Geräuschen einen Höllenlärm vollführt haben, und nicht nur die Überlieferungen des klassischen Altertums sprechen davon, selbst aus Rußland wird vom nächtlichen Kreischen der fahrenden Wagen berichtet.

Der nächste Schritt mußte also dahin gehen, die Achse still zu legen und den Rädern eine hölzerne Nabe zu geben und mittels eines hölzernen Dorns auf der Achse festzuhalten, damit das Rad sich lose drehen konnte.

Nur allmählich kam das geistig ungeschulte Gehirn unserer Vorfahren darauf, den Wagen weiter zu verbessern, die schwere Holzscheibe des Rades durch das leichte Speichenrad zu ersetzen, schließlich die Achslager aus Bronze oder Eisen herzustellen und dem fürchterlichen Verschleiß der hölzernen Lager ein Ende zu setzen. Man kam vom zweirädrigen auf den vierrädrigen Wagen, wie ihn Plinius bei den kleinasiatischen Phrygern so sehr bewundert hat. Aber die ersten vierrädrigen Wagen besaßen keine Lenkung. Ihre Richtung ließ sich nur in großem Bogen ändern, oder das Fahrzeug mußte herumgehoben werden. Seine endgültige Form erhielt der Wagen erst mit der Erfindung der lenkbaren Vorderachse. Abermals bleibt der Erfinder unbekannt, nach dessen damals geradezu genialer Idee noch heute unsere Wagen gebaut werden, hat sich doch seit Erfindung der lenkbaren Vorderachse nichts mehr am Prinzip des Wagens geändert.

Immer ist es aber der Geistesblitz des einzelnen gewesen, der zu allen Zeiten die Menschheit einen Schritt vorangebracht hat. Wohl hat die Gesellschaft, die Umwelt, in der er lebte, das ihre dazu beigetragen; die Lebensgewohnheiten der Gemeinschaft oder aber die Existenzsorgen drängten gewissermaßen zur Lösung dieses oder jenes Problems. Der letzte, entscheidende Schritt bleibt jedoch der Genialität des Erfinders vorbehalten.

So rollt nun schon seit undenklichen Zeiten das Rad auf unserer Erde. Es dauerte nicht lange, bis man heraus bekam, wie sehr viel leichter es rollte, gab man ihm eine feste Unterlage. Ein findiger Kopf verlegte Baumstämme auf seinem Weg oder Knüppelholz. Ein anderer ging einen Schritt weiter und setzte Stein hinter Stein und baute somit zwei Spuren in der Breite der Achsen. Die erste Bahn war entstanden, die Steinbahn. Wir können sie heute noch in den Städten des Altertums bewundern, jenen gedanklichen Vorläufer unserer Eisenbahn. Wie verblüffend die Feststellung, daß man infolge einer solchen Bahn über die Hälfte der zur Fortbewegung nötigen Kraft einsparte. Die Straßen der römischen Städte weisen Spuren, richtiggehende Fahrspuren im Straßenpflaster auf. Man hat behauptet, diese Spuren seien von den Rädern der auf dem Pflaster fahrenden Wagen ausgeschliffen worden. Nicht wenige Forscher, die jedoch zu erkennen glauben, man habe diese Spurrinnen vorsätzlich eingemeißelt, um den Fahrzeugen eine feste Bahn zu weisen.

Zwischen dem Untergang der alten Kulturen, zwischen dem Zusammenbruch des römischen Weltreiches und dem späten Mittelalter liegt eine tausendjährige Dürrezeit, eine Zeit technischen Stillstandes, ein tausendjähriger Dornröschenschlaf des menschlichen Erfindungswillens. Erst die Entdeckung des Schießpulvers und die Erfindung der Buchdruckkunst sind die großen Ereignisse, die wie Wetterleuchten den geistigen Horizont der damaligen Zeitgenossen erhellten und die Menschen aus dem Schlaf rüttelten, die schlummernden Fähigkeiten zu wecken und langsam wieder frischen Wind in der von Geistern, Dämonen und Hexen bevölkerten Welt wehen zu lassen. Die Erfindung der Buchdruckkunst ist vielleicht das größte Ereignis unseres ganzen Jahrtausends überhaupt, war sie doch Voraussetzung allen Fortschrittes der Zukunft.

Die ersten
hölzernen Schienen
entstanden in den
Bergwerken.

Dreierlei hielt sich indes über all die Jahrtausende hinweg: Spur, Rad und Wagen. Ja, erstere kam sogar im sechzehnten Jahrhundert zu einer ganz eigenen Bedeutung, damals nämlich, als man intensiv begann, die Erde nach Mineralien und Kohle zu untersuchen. Bergleute waren die ersten, die auf die Idee kamen, sich das mühselige Planieren der Sohle des abgeteuften Stollens zu ersparen und für die kleinen Grubenwagen Holzstangen zu verlegen und so eine Holzbahn einzurichten. Die Räder der Wagen erhielten eine Kehlung, so daß sie fest auf den Balken laufen konnten. Verschiedentlich gab man auch den Holzstangen einen vorstehenden Rand oder dem Rad einen Spurnagel, der für gleichbleibende Führung sorgte und das Entgleisen verhindern sollte. So entstand ganz langsam und allmählich die Bahn, noch keine Eisenbahn, aber doch ein Vorläufer von ihr. Zumindest ist damals vor vierhundert Jahren der Schienenstrang entstanden.

Nun, viel los war mit diesen alten Holzbahnen allerdings nicht. Selbst als man die Schienen verfeinerte, aus den grob behauenen Balken richtig kantige Schienenstücke fabrizierte, gab es fast täglich Bruch. Die Wagen entgleisten, die Schienen splitterten, das Holz verfaulte, die Räder zerbrachen. Bis eines Tages — — aber das ist eine wirklich merkwürdige Geschichte.

Um die Mitte des achtzehnten Jahrhunderts war England das Land, wo die Industrie, oder wenigstens das, was man damals darunter verstand, am weitesten entwickelt war. Allenthalben gab es Eisenwerke und Kohlengruben. Und während man auf dem Kontinent noch in Ackerbau und Viehzucht machte, noch in veralteten feudalen Vorstellungen verharrte, das Exerzieren mit dem Ladestock als der Weisheit letzten Schluß ansah, entstanden in England vielerorts neue Unternehmungen, kamen Manufakturen auf, die Textilindustrie entwickelte sich, das englische Tuch wurde zum heißbegehrten und in aller Welt geschätzten Handelsartikel.

Und doch seufzte man in der Darbyschen Eisengießerei zu Coalbrookdale über Absatzsorgen. Das Eisengeschäft stockte, der Siebenjährige Krieg war auf dem Kontinent zu Ende gegangen, Kanonen und Gewehrläufe waren zur Zeit nicht gefragt. Auf dem Werksgelände türmten sich die Eisenplatten, man wußte schon nicht mehr wohin damit.

Der alte Abraham Darby hat einen Schwiegersohn, Reynolds mit Namen, der sich schon längst den Kopf zerbricht, wie man dem ständigen Ärger mit den hölzernen Schienen der Werksbahn abhelfen kann. Ihm ist der Gedanke gekommen, die Eisenbarren in kurze, schmale Platten umzugießen und damit die Schienen zu benageln. Der Alte freilich hält nichts von solch fixen Ideen, ihm sind seine Holzschienen lange gut genug. Der junge Reynolds gibt jedoch seinen Plan nicht auf. Ja, am 13. November 1767 geht er mit ein paar Arbeitern ans Werk, läßt einige Barren in Platten umgießen und nagelt sie auf die Schienen. Der Alte ist natürlich empört über diesen Blödsinn, den der Junge da verzapft hat. Aber dann stellt sich heraus, auf den benagelten Schienen rollen die Wagen viel, viel leichter als vorher, die Hölzer splittern nicht mehr, und die Vorteile der ganzen Geschichte liegen klar auf der Hand. Bald werden sämtliche Schienen mit Platten benagelt, und in Coalbrookdale entsteht die erste „Eisenbahn" der Welt und der 13. November 1767 ist ihr Geburtstag.

Wie ist das alles so interessant, wie wenig befassen wir uns heute noch mit jenen Vorgängen. Alles ist uns selbstverständlich geworden, je bedeutender, je größer der technische Fortschritt ist, um so unaufmerksamer wird er hingenommen, und niemand denkt daran, wie weit und schwer der Weg gewesen ist. Das ist eine Tragik unserer Zeit, daß sie über all den enormen neuen Erkenntnissen den Blick des einfachen Menschen abstumpft und gleichgültig macht, dort, wo er staunend und bewundernd verharren sollte.

Nun ging es Schlag auf Schlag. Mannigfaltige Versuche wurden durchgeführt. Das Gleis erhielt eine Randleiste. Die Sheffielder Eisenwerke brachten die ersten gußeisernen Schienen heraus, zuerst wieder mit Randleiste. Da sich die Schienen jedoch häufig mit Schmutz und Grus zusetzten und die Wagen entgleisten, ließ man jene weg und gab vielmehr den Rädern einen Spurkranz. Die gußeisernen Schienen erforderten aber einen ordentlichen Unterbau — heute kurioserweise „Oberbau" genannt. Man stopfte von Meter zu Meter einen Stein darunter. Die allerersten Lokomotivfahrten fanden auf solchen Gleisanlagen statt. Auch die

14

Schienenstücke waren nicht länger als einen Meter. Deutschlands erste Eisenbahn zwischen Nürnberg und Fürth besaß noch jene kurzen Schienen mit der steinernen Lagerung. Benjamin Outram soll der Erfinder dieses Verfahrens gewesen sein. In unserem Worte „tramway" ist sein Name erhalten geblieben.

Das Jahr 1828 brachte den endgültigen Durchbruch. John Berkinshaw gelang auf dem Bedlington Eisenwerk in Durham erstmals das Walzen von Schienen aus Schmiedeeisen, ein Verfahren, das bis zur Erfindung des Bessemerstahles beibehalten wurde. Nun war der Weg frei für die Ausbreitung des Schienenweges. Die neuen Gleise brachen nicht mehr, sie waren außerdem 4½ Meter lang. Man kam zwangsläufig zur Querschwelle. Auf der Leipzig—Dresdener Bahn wird im Jahre 1838 der neue Oberbau eingeführt, gewalzte Breitfußschienen auf Querschwellen.

— — — — —

Schrilles Läuten weckt uns aus unseren Träumen. Wir stehen ja immer noch an der Bahnschranke, im Hause des Schrankenwärters meldet die Glocke einen neuen Zug an. Den müssen wir unbedingt noch abwarten, ehe wir in die Stadt zurückkehren. Was wird es für ein Zug sein?

Wir treten ein wenig an das Häuschen heran.

„Hallo, Meister!"

Der Schrankenwärter erscheint in der Tür.

„Was kommt jetzt für ein Zug?"

Der Mann blickt die Straße entlang und prüft, ob er bereits die Schlagbäume herablassen soll.

„Jetzt? Der ‚Helvetia', der Trans-Europ-Expreß! Kommt von Hamburg 'runter!"

Donnerwetter, der „Helvetia". Den müssen wir sehen. Wir stellen uns ein wenig beiseite, damit wir die Strecke gut überblicken können. Jetzt läßt der Wärter die Schranken herunter, er muß die Kurbel noch mit der Hand drehen. Nun, bald wird auch an dieser Kreuzung eine automatische Schrankenanlage stehen.

Die Autokolonne sammelt sich wieder an, das Spiel von vorhin wiederholt sich, aufheulende Motoren, ungeduldige Kraftfahrer, Benzindämpfe.

Da braust der Zug schon heran, wir haben ihn kaum kommen hören. Talfahrt! Die E 10 saugt sich förmlich in die Schienen hinein, ein Luftdruck will uns beiseite stoßen, mit gleichmäßigem Aufrauschen rasen die rotgelben Wagen an uns vorüber, Packwagen, Speisewagen, Aussichtswagen, eine lange Schlange, die in Blitzeseile vorüberbraust. Kaum sind wir uns des Erlebnisses recht bewußt geworden, ist bereits alles entschwunden.

Ob sich einer von den alten Eisenbahnbauern das jemals hätte träumen lassen? Zu welcher Vollkommenheit sich diese dünnen, zerbrechlichen Schienen, diese kleinen, schwachen Wägelchen der ersten Bahnzüge einmal entwickeln würden? Daß aus dem kreuzbraven „Hottehüh", das als allererste „Lokomotive" vor den frühen Wagenzügen einherstampfte, einmal eine rasante E 03 werden würde?

Daß man innerhalb weniger Stunden von Hamburg nach Frankfurt, von München nach Köln, von Basel nach Rom kann?

Nein, das hätte die Vorstellungskraft unserer Vorfahren überstiegen, so, wie wir uns heute nicht vorzustellen vermögen, einmal mit dem Luftexpreß zum Mond zu fliegen, oder zur Venus und zum Mars. Im Gegenteil, James Watt, der Erfinder der Dampfmaschine, wollte durchaus nichts von den Plänen seines Maschinenmeisters Murdock wissen, die Dampfkraft zur Fortbewegung eines Eisenbahnzuges zu verwenden. Über ein kleines Modell sind die Versuche des Meisters nie hinausgekommen. Und auch der Franzose Cugnot, der sich mit seinem selbstgebastelten, gemeingefährlichen Traktor herumquälte, war zwar vom Sieg seiner Idee überzeugt, an eine baldige Verwirklichung hat er jedoch selbst nicht geglaubt.

Die Geschichte mit den ersten Eisenbahnen war ja überhaupt nicht geheuer, wie denn die ganze Dampfmaschinenaffäre sehr im Geruche höllischen Spukes stand. Als Trevithick im Jahre 1804 seinen ersten Dampfwagen nach London brachte, da soll der Zöllner das unheimliche schwarze Ding angstschlotternd für den leibhaftigen Teufel gehalten haben. Über die erste Fahrt von Fultons Dampfschiff „Clermont" auf dem Hudson wird erzählt, daß die Schiffer der im Hafen liegenden Schiffe aus Angst vor dem schwarzen Rauch und Feuergarben speienden Ungeheuer in die Knie gesunken seien und kreischend den Allmächtigen um Schutz vor dem Teufel baten. Wir können uns heute gar keine Vorstellung mehr davon machen, in welchem Maße die Technik damals die Zeitgenossen beeindruckte. Lesen wir deshalb, was Max-Maria von Weber vor hundert Jahren hierüber geschrieben hat. Es sind Worte, die heute noch gelten:

„Was weiß unser junges Geschlecht, das auf Schritt und Tritt großen Maschinenfabriken begegnet, von dem Eindrucke, den die einzige zu Anfang des Jahrhunderts bestehende mächtige Werkstatt, die zu Soho, auf uns machte. James Watt selbst stand noch an der Spitze der ungeheuren, mächtigen Ateliers, aus deren dunklen Tiefen die damals so geheimnisvollen, gewaltigen Dampfmaschinen hervorgingen, deren riesenhafte, wunderliche auf- und abschwingende, schwarze lange Gliedmaßen täglich zahlreicher auf dem rauchigen Horizont von Staffordshire sichtbar wurden, bizarr und phantastisch in Form und Bewegung, so daß sie im Munde der rußigen Bewohner der ‚Schwarzen Gegend' die ‚Iron Devils', die eisernen Teufel hießen."

Die Erfindung der Dampfmaschine steht am Beginn unseres Industriezeitalters, ihr haben wir alles, was wir an Technik heute vorfinden, letzten Endes zu verdanken.

Das Verdienst, die Dampfmaschine zur Fortbewegung eines Schienenfahrzeuges erstmals mit Erfolg erprobt zu haben, gebührt dem bereits erwähnten Trevithick, der denn auch allgemein als Erfinder der Lokomotive oder des Dampfwagens gilt. Doch war das damals mehr noch ein Spaß, ein Vergnügen, und Trevithick, ein ewig unruhiger Geist, hat wohl seinen Dampfwagen selbst nicht sehr ernst genommen.

Mit mehr Fug und Recht wird daher George Stephenson nicht nur als der Erfinder der betriebstauglichen Lokomotive, sondern gleichermaßen als derjenige, der die erste richtige, mit Maschinenkraft betriebene Eisenbahn gebaut hat, angesehen. Der betrieblichen Bewährung mußte nämlich noch eine weitere, grundlegende Erkenntnis vorausgehen, diejenige, daß die Reibung eines normalen Rades genüge, einen Wagenzug in Bewegung zu setzen. Denken wir daran, daß viele der damaligen Erfinder alle möglichen Kunstkniffe anwandten, weil sie der Sache nicht trauten. Blenkinsop nahm eine Zahnstange zu Hilfe, andere versuchten es mit aufgerauhten Rädern. Zwar hatte schon Hedley ein Patent auf die Verwendung glatter Räder genommen, Stephenson jedoch verhalf dieser Erkenntnis zum Durchbruch.

Unser Rad, das am Anfang der ganzen Geschichte des Verkehrswesens, der Geschichte vom Schienenstrang steht, wurde nun zum Übermittler der treibenden Kraft, das Rad setzte die hin- und hergehende Bewegung der Dampfmaschine in Reibungskraft um.

Das Jahr 1819 war von besonderer Bedeutung. Die Besitzer des Hetton-Kohlenbergwerkes in der Grafschaft Durham beschlossen, sich eine Lokomotiveisenbahn zuzulegen. Sie war zwar nur 12 km lang und auch noch nicht auf der ganzen Länge betrieben, für Stephenson ist sie aber das große Versuchsobjekt geworden, an dem er seine Fähigkeiten als Bahnbauer erproben konnte. Am 18. November 1822 nahm die Hettonbahn mit 5 Lokomotiven ihren Betrieb auf. Während sie jedoch eine reine Industrie- und Werksbahn blieb, so wird die nächste Bahnstrecke, die bekannte Stockton—Darlington-Bahn zur ersten richtigen Überland-Eisenbahn der Welt. Am 27. September 1825 wird sie feierlich eingeweiht, und die Dampfzüge eröffnen den Betrieb. Die Bedeutung dieses Bahnbaues war ganz außerordentlich. Nicht nur, daß sie als Anschauungsobjekt für die Vorzüge des neuen Verkehrsmittels diente und dessen Vorteile für die Industrie überzeugend nachwies. Nein, erstmals entstand als Folge einer Eisenbahnanlage eine ganz neue Stadt, nämlich Middlesborough. Wir können daher das Datum des Beginnes der Neuzeit mit der Eröffnung der Stockton—Darlington-Eisenbahn zusammenlegen. 1825 begann die große Eisenbahnzeit, die große Zeit der Landnahme durch den Schienenstrang, der Kolonisation, der Erschließung ganzer Kontinente, die Zeit, als die Eisenbahn zum größten Kulturbringer der Menschheitsgeschichte wurde.

Stephenson ruhte nicht. Nächste Aufgabe war der Bau der Liverpool—Manchester-Eisenbahn, die am 15. September 1830 eröffnet wird. Neben ihr gibt es aber schon eine ganze Reihe weiterer Bahnen, selbst im Ausland, in Übersee, in den USA, wo man mit dem Weitblick jungen Kolonistengeistes die Bedeutung der neuen Erfindung sofort erkannte, längst bevor in Europa überhaupt ein fernes Ahnen von der bevorstehenden Umwälzung anhub. Ein Jahr vorher, 1829, hatte im Lokomotivrennen von Rainhill die Dampflokomotive Stephensonscher Konstruktion ihre große Überlegenheit bewiesen und ihre Bewährungsprobe bestanden. An der Eröffnung dieser Bahn nahm die ganze Welt Anteil.

Seit diesen Jahren durchziehen Schienenstränge die Welt, seit dieser Zeit rollt das Rad von Land zu Land, von Kontinent zu Kontinent, rollen Millionen Räder über die Schienenstränge unserer Erde auf schmaler und breiter Spurweite.

Stephenson wandte bei seinen Bahnbauten und Lokomotivschöpfungen eine Spurweite von 1435 mm gleich 4 Fuß 8½ Zoll an, und man hat oft gefragt, wie er eigentlich gerade auf dieses doch immerhin etwas ungerade Maß gekommen sei. Mancherlei Erklärungen sind darüber entstanden. Man spricht von der Spurweite der damals üblichen Postkutschen, die als Vorbild gedient habe oder vorgeschrieben worden sei und übersieht gern, daß dieselbe 4 Fuß 3 Zoll, also 1295 mm betragen hat. Die Postkutschengeschichte scheidet also von vornherein aus. Tatsächlich herrscht einiges Dunkel um Stephensons seinerzeitige Entscheidung, denn der Erfinder selbst hat sich nicht darüber geäußert. Allerdings gibt es eine sehr einfache und einleuchtende Erklärung, die zu wenig beachtet wird. Stephensons Aufstieg begann in der Kohlengrube von Killingworth, wo er sich vom Heizer bis zum Maschinenmeister emporgearbeitet hat. Die Spurweite eben jener Kohlenbahn in Killingworth betrug jedoch 4' 8½". Was lag also näher, daß Stephenson diese Spurweite aufgrund seiner eigenen praktischen Erfahrungen damit einfach beibehielt? Interessanterweise bewegten sich die Spurweiten fast aller damaligen Kohlenbahnen um die 4 Fuß 8 Zoll herum, und in Northumberland gab es eine ganze Anzahl, die gleichfalls die mysteriösen 4' 8½" aufwiesen. Möglich ist natürlich auch — wie mitunter behauptet wird — daß er sich auf 4' 8" festgelegt habe und dann aus betrieblichen Gründen einen halben Zoll noch zugeben mußte. Nun, wie dem auch sei, die Spurweite war jedenfalls bereits vorhanden, und Stephenson war weitblickend genug, den Wert dieses Maßes für die Zukunft richtig abschätzen zu können.

Isaac Kingdom Brunel, der Erbauer der großen Westbahn, wählte dann die bekannte Breitspur von 7', 2134 mm (ursprünglich 7¼', 2140 mm) und hielt mit großer Zähigkeit an dieser Größe fest. Ja, es entbrannte damals der in der ganzen Eisenbahngeschichte so berühmte — und auch berüchtigte — Kampf der Spurweiten. Jeder Ingenieur versuchte auf seiner Spur eine besonders überzeugende Leistung hervorzubringen. Jahrzehntelang lag man sich in den Haaren und warf sich Schimpf und Schande an den Kopf. Auch in Deutschland nahm die Badische Staatsbahn ihren Betrieb mit Breitspur von 1600 mm auf, mußte diesen Mißgriff aber bald mit hohen Kosten wieder ausgleichen und auf Normalspur umbauen. In England hat es sogar bis zum Jahre 1892 gedauert, ehe der vierzigjährige erbitterte Streit beigelegt wurde und die Great Western Railway mit gewaltigem Aufwand ihren gesamten Fuhrpark auf Normalspur umstellte — bei voller Betriebsdurchführung. Für die Übergangszeit bestand jedes Gleis aus 3 Schienen, um Fahrzeuge beider Spurweiten einsetzen zu können.

In einigen Ländern blieb man der anfangs gewählten Spurweite treu, so in Rußland, 1524 mm (5 Fuß, die „krummen" Maße rühren daher, daß die Techniker damals nach englischen Fuß und Zoll rechneten), Irland, 1600 mm (5 Fuß 3 Zoll), Spanien 1676 mm (5 Fuß 6 Zoll).

Der Schienenstrang —
Mittelpunkt des gesam-
ten Eisenbahnwesens!
Bahnstrecken bilden
heute eine harmonische
Einheit mit der sie um-
gebenden Landschaft wie
hier die Eifelbahn bei
Nettersheim.

(Foto: Klossek)

Oben: „Tom Thumb", erste Dampflokomotive Amerikas, gebaut 1829 von Peter Cooper, eröffnete die Baltimore & Ohio Eisenbahn. (Foto: Archiv)

Unten: Der „Spanischbrötlizug", scherzhafte Bezeichnung des ersten Eisenbahnzuges der Schweiz, 1854. Unser Bild (Foto: SBB) zeigt eine Nachbildung anläßlich des hundertjährigen Bestehens der Schweizer Eisenbahnen.

Merkwürdig mutet uns der Entstehungsgrund der sogenannten Kapspur von 1067 mm an, die ja in der Welt eine größere Rolle spielt. Sie wurde wie fast alle Spurweiten zuerst in England eingeführt. Stephenson soll einfach die Brunelsche Breitspur von 2134 mm halbiert haben und so auf das Maß von 1067 mm gekommen sein. Neben dieser Kapspur (so genannt, weil sie später im Kapland in größerem Umfang ausgeführt wurde) wählten die Länder, die nach metrischem System rechneten, die Meterspur. Ursprünglich glaubte man, beim Bau von Bahnen geringerer Spurweite billiger wegzukommen, zumal dann, wenn nur ein geringes Verkehrsaufkommen zu erwarten war. So erklärt sich zum Beispiel die große Häufigkeit der kleinen 750 mm Spur in Sachsen. Der Überlegung wurde dadurch Vorschub geleistet, daß sich die ersten Schmalspurbahnen tatsächlich recht rentabel zeigten. Später stellten sich leider erheblich geringere Ersparnisse heraus.

Nicht zuletzt spielten wie so oft im Eisenbahnwesen strategische Gründe eine Rolle. Man wollte möglichst eine andere Spurweite als der Nachbarstaat benutzen, damit es im Kriegsfalle der Feind nicht gar zu leicht habe. Den persönlichen Ehrgeiz einzelner Bahnbauer sollten wir gleichfalls nicht übersehen. Jeder schwor auf seine Spur, und so finden wir heute in aller Welt ein wahres Sammelsurium von Spurweiten verstreut, das wir in einer Tabelle für den interessierten Leser zusammengestellt haben. Die größte Spurweite, die von Brunel, haben wir bereits kennengelernt. Aber die kleinste? Nun, Ausstellungs- und Garteneisenbahnen laufen voll betriebsfähig auf 381 mm Spur. Unter diesem Wert liegen dann schon die einfachen Modell- und Spielzeugbahnen. Wir haben versucht, die kleinste Spurweite herauszubekommen. Es wurden uns 4 mm als Spurweite eines Wiener Eisenbahnfreundes und Bastlers genannt. Ob sie die kleinste ist? Wer weiß. Bastler sind merkwürdige Käuze, und es sollte uns nicht wundern, wenn wir nachgewiesen bekämen, daß sich auch auf 1 mm Spurweite noch Eisenbahnfahrzeuge betreiben lassen.

Aber nicht nur die Spur, nein, auch die eiserne Bahn selbst hat mancherlei Wandlungen überstehen müssen. Die alten kurzen Schienenstücke sind längst verschwunden. Seit etwa 1840 ist die Breitfuß- oder Vignolesschiene gebräuchlich. Bei der Deutschen Bundesbahn führt sie heute die Bezeichnung S 49 — um auch die Technik des Gleises ein wenig zu Worte kommen zu lassen. Sie ist aus Flußstahl, und ihr Gewicht beträgt 49 kg je Meter (daher auch die Typenbezeichnung S 49). Auf hochbelasteten Strecken wird seit dem Jahre 1963 auch das schwerere Schienenprofil S 54 eingebaut. Die Teilstücke sind heute bis zu 60 m lang und werden immer häufiger zu endlosen Gleisen zusammengeschweißt, meist auf Holz- oder noch besser auf Spannbetonschwellen verlegt. Stellen wir weiter fest, daß der Abstand von Schwelle zu Schwelle auf Hauptbahnen 63 cm, auf Nebenbahnen etwa 70 cm beträgt. Die Schienen werden mittels Schrauben, Haken und Klemmplatten auf der Schwelle befestigt, eine besonders bei den deutschen Bahnen gebräuchliche und allerdings etwas aufwendige aber sehr dauerhafte Befestigungsart. Das Ausland wählt oft Schrauben- oder auch Federnagelbefestigung.

Bei der Deutschen Bundesbahn sind heute etwa 30 000 km Gleis durchgehend geschweißt, das „tamm tamm — tamm tamm — ", viel besungenes Lied der Eisenbahn, das Klappern des Rades beim Passieren eines Schienenstoßes, also der Befestigungsstelle zweier zusammenstoßender Schienenenden, gehört bald der Vergangenheit an. Wegen der starken Wärmespannungen beim durchgehend geschweißten Gleis ist eine besonders feste Lagerung und Bettung notwendig. Die sorgfältige Beschotterung auf unseren Hauptbahnen ist fast schon ein Charakteristikum modernen Gleisbaues geworden.

Anderwärts verwendet man weit stärkere Schienen. So wiegt die englische Standardschiene 54 kg je Meter. Die USA Bahnen verwenden Gleismaterial, das teilweise 70 kg/m übersteigt. Kein Wunder bei den dort verkehrenden Riesenlokomotiven, deren Achslast bereits auf 35 Mp, ja in Einzelfällen sogar schon auf 40 Mp geklettert ist.

Wegen der großen klimatischen Schwankungen in den USA macht man dort von der Schweißung nur wenig Gebrauch und zieht auch kürzere Schienenlängen vor.

Auf den Schienensträngen der Welt rollen heute überall gewaltige und moderne Elektrolokomotiven, brummen riesige Dieselmaschinen, denn die Dampfkraft ist unmodern geworden und gilt als überholt. Mit der schwindelerregenden Geschwindigkeit von 6 1/2 Stundenkilometern kroch der erste Zug bei der Eröffnung der Hettonbahn über die Strecke, und die Leute meinten, von diesem höllischen Tempo gesundheitliche Schäden davonzutragen. Im Jahre 1965 hat die Deutsche Bundesbahn regelmäßige Personenzugfahrten mit 200 km/h Geschwindigkeit — noch vor Jahren ein sagenhafter Wert — aufgenommen. Längst ist ein Eisenbahnzug bis zu der phantastischen Schnelligkeit von 331 km/h vorgestoßen.

So führt uns der Weg von den allerersten, plump und primitiv mit dem Beil rund gehauenen Radscheiben zum Wagen, vom Wagen zur ersten planierten Fahrebene, zur Steinbahn, zur Holzbahn und zuletzt zur Eisenbahn. Das Rad und seine Bahn haben nicht nur die Welt verändert, nein, der Schienenweg ist zum eigenen Selbst, zum feststehenden Begriff geworden, ist aus der Vorstellungssphäre des Kulturmenschen nicht mehr hinwegzudenken.

Welch eine weite Welt — die des Schienenstranges!

Übersicht über gebräuchliche Spurweiten

Unter Spurweite versteht man das lichte Maß zwischen den Schienenköpfen, senkrecht zur Gleisachse, in Frankreich von Mitte bis Mitte Schienenkopf gemessen. Angegeben sind die Maße in mm, engl. Fuß und der prozentuale Anteil der betreffenden Spurweite am Welt-Eisenbahnnetz.

381 mm	1'-3"	Ausstellungs-, Vergnügungs- und Gartenbahnen	—
457 mm	1'-6"	Ausstellungs-, Vergnügungs- und Gartenbahnen	—
500 mm	1'-7^{11}/$_{16}$"	Einige Industriebahnen, Ziegeleien, Steinbrüche, Bergwerke	—
508 mm	1'-8"	Ausstellungs-, Vergnügungs- und Gartenbahnen	—
533 mm	1'-9"	Ausstellungs-, Vergnügungs- und Gartenbahnen	—
597 mm 600 mm	1'-11^5/$_8$"	Klein-, Bau- und Feldbahnen in Europa, Militärbahnen	0,32
610 mm	2'	Tasmanien, Indien, West- u. Südafrika, Venezuela	0,13
700 mm	2'-3^9/$_{16}$"	Plantagenbahnen auf Java, Cuba	—
750 mm	2'-5^1/$_2$"	Europa, vor allem Deutschland, Südamerika, Ägypten, Indonesien, Türkei	0,31
760 mm 762 mm	2'-6"	Afrika, Australien, Brasilien, Bulgarien, Ceylon, Chile, Cuba, Indien, Japan, Jugoslawien, Korea, Pakistan, Österreich, Rumänien, Formosa, Tschechoslowakei, Ungarn	0,68
785 mm	2'-6^7/$_8$"	Oberschlesien, Dänemark	0,05
799 mm 800 mm	2'-7"	Europa, Industriebahnen	0,03
860 mm	2'-9^7/$_8$"	Industriebahnen	—
891 mm	2'-11^1/$_{16}$"	Schweden	0,14
900 mm	2'-11^7/$_{16}$"	Deutschland, Bau- und Grubenbahnen	0,02
914 mm	3'	Kanada, Südamerika, Hawaii, Irland, Philippinen, Ostafrika, USA	0,57
950 mm	3'-1^3/$_8$"	Eritrea, Italien, Libyen	0,17
1000 mm	3'-3^3/$_8$"	Europa, Afrika, Südamerika, Australien, Burma, Indien, Irak, Malaysia, Pakistan, Thailand, Vietnam	7,46
1050 mm	3'-5^5/$_{16}$"	Algerien, Hedschasbahn, Israel, Jordanien, Libanon, Syrien	0,10
1067 mm	3'-6"	Afrika, Australien, Japan, Indonesien, Formosa, Philippinen, Neufundland, Neuseeland, Tasmanien, Norwegen, Schweden, Venezuela	7,65

1100 mm	3'-7⁵/₁₆"	Einzelne Straßenbahnen	—
1219 mm	4'-3"	Vereinzelte europäische Bahnen	0,01
1435 mm			
1440 mm	4'-8¹/₂"	In der ganzen Welt verbreitete europäische Regelspur	64,36
1445 mm			
1500 mm	4'-11"	Frankreich (siehe Vorbemerkung)	—
1524 mm	5'	Finnland, Iran, Panama, Polen, USSR	11,18
1600 mm	5'-3"	Australien, Brasilien, Irland	1,12
1665 mm	5'-5¹/₂"	Portugal	0,20
1674 mm	5'-6"	Argentinien, Ceylon, Chile, Indien, Pakistan, Spanien	5,50
1676 mm			

Die großen Bahnen

„Zum Eilzug nach Villingen — Donaueschingen — Immendingen — Singen — Konstanz, bitte Türen schließen und Vorsicht bei der Abfahrt des Zuges!"

Der Lautsprecher ruft es laut und etwas krächzend über den Bahnsteig. Da wird es Zeit, daß wir uns auf den genehmigten Extraplatz begeben und die Leiter zum Führerstand der Lokomotive V 200 031 entern, auf der wir bis Villingen mitfahren dürfen. Sie hat den Zug hier in Offenburg von einer E 10 übernommen, die inzwischen zum Bahnbetriebswerk abgefahren ist. Unsere Dieselmaschine führt den E 676, Wiesbaden — Konstanz. Er hat schon ein schönes Stück Reise hinter sich.

Wir klettern durch das schmale Türchen ins Innere des Führerhauses. Die beiden Motoren laufen schon, die ganze Lokomotive vibriert ein wenig. Der Lokführer lehnt aus dem Fenster, nachdem wir eingestiegen sind, und wartet auf den Abfahrtsauftrag, auf den bekannten Pfiff und den freundlichen Wink mit der „Kelle". Richtig warm ist es hier im Kabinchen, die Sonne scheint durch die Windschutzscheibe; das verspricht eine wunderbare Fahrt zu werden. Soll es auch, denn wir wollen eine der schönsten deutschen Eisenbahnstrecken einmal vom Führerstand aus erleben.

Der Zeiger der Bahnhofsuhr springt auf 9.51 Uhr. Das Ausfahrtssignal zeigt schon längst freie Fahrt an. Letzte Türen schlagen zu. Da, der Abfahrtspfiff! Der Lokführer wendet sich zum Fahrpult. Ein kurzes Kopfnicken:

„Na denn mal los!"

Ein Griff zum Fahrschalter. Die Motoren beginnen aufzuheulen, man spürt förmlich, wie sie sich anschicken, ihre volle Leistung von über 2000 PS herzugeben. Gleich wird der Wandler ansprechen — unsere V 200 hat ja ein hydraulisches Getriebe. Da, das Zittern wird stärker — wir kommen in Fahrt — ganz langsam noch — der Zug ist schwer — aber wir rollen — der Bahnsteig gleitet

Jahrzehntelang fuhren Dampflokomotiven der Baureihe 39 auf der Schwarzwaldbahn.

vorüber — mit hohem Brummton richtet unsere Maschine ihre Nase nach links auf das Gleis der Schwarzwaldbahn. Die badische Hauptbahn nach Freiburg — Basel lassen wir rechts liegen. Das Dröhnen unseres Auspuffs wird plötzlich ganz stark, als wir unter einer Straßenbrücke hindurchfahren. Dann schwächt sich das Motorbrummen ab, der Lokführer hat wieder zum Fahrschalter gegriffen, die Geschwindigkeit ist inzwischen so weit gestiegen, daß der Marschwandler in Tätigkeit tritt, also der zweite Gang, um mit den vom Auto her geläufigen Begriffen zu sprechen, eingeschaltet wurde. Schneller und schneller wird unsere Fahrt. Sie zieht kräftig an, unsere rote V 200 031. Es macht Spaß, mit ihr zu fahren. Gewiß, zur Dampfzeit, da hörte sich die Sache freilich ungleich dramatischer an, damals, als die dreizylindrigen Lokomotiven der Baureihe 39 hier gewaltig Anlauf nahmen, um in Fahrt zu kommen. Dafür können wir aber von unserem Extraplatz hier oben auf dem Führerstand die Strecke viel besser übersehen. Und gut sehen muß man können, will man über die Schwarzwaldbahn fahren. Am besten, man wählt den Schienenbus und setzt sich vorn zum Führer, einen prächtigeren Aussichtsplatz gibt es nicht.

„Wunderbares Wetter heute", ruft uns der Führer zu, „da werden Sie eine schöne Aussicht haben, warten Sie einmal ab!" —

Eigentlich haben wir gar nichts verstanden und nur in hochdeutscher Übersetzung wiedergegeben, was der Führer auf alemannisch etwa gebrummt haben könnte. Trotzdem fragen wir höflich zurück:

„Macht Ihnen das Wetter hier auf dem Führerstand viel aus?" —

„Das will ich meinen, gutes Wetter ist alleweil angenehmer. Und d'Sunn muß scheinen, wenn man über die Schwarzwaldbahn fährt, sonst taugt die Fahrt nix."

Die Häuser von Offenburg sind nun verschwunden, das Tal der Schwarzwälder Kinzig nimmt uns auf in seiner ganzen sonnendurchfluteten Breite. Von links grüßt das Hohe Horn herüber, der schöne Offenburger Aussichtsberg, und gibt uns einen Vorgeschmack auf kommende Gebirgserlebnisse.

Der Lokführer hat weiter durchgeschaltet. Der Tachometer zeigt jetzt 80 km/h an, und wir rollen zügig dahin. Die Fahrt bietet jedoch noch keine Besonderheiten. Für die nächsten zwanzig Minuten brummen wir einfach das Kinzigtal hinauf, wir haben Muße, die Strecke in aller Ruhe zu genießen. Wir haben Zeit, die Gedanken zu sammeln und noch einmal zurückschweifen zu lassen, einmal eine Eisenbahnfahrt bewußt und nicht nur so im Vorübergehen zu erleben. Benutzen wir die Gelegenheit dieser seltenen Reise hier auf dem Führerstand der V 200 031, um uns auf diesen 20 Minuten Anfahrt zur eigentlichen Bergstrecke noch einmal über dieses einmalige, phantastische und doch so herrliche Abenteuer Eisenbahn wirklich klar zu werden.

Es ist wahrhaftig eines der größten Abenteuer der Weltgeschichte und reiht sich würdig den großen Entdeckungsfahrten, den Landnahmen und der Erdumsegelung an. Vor hundert Jahren freilich konnte noch niemand vorausahnen, daß wenige Jahrzehnte später die Luftfahrt eine genauso große, abenteuerliche Rolle spielen sollte. Und in unserer Gegenwart dürfte die Raumfahrt, der Griff nach den anderen Gestirnen, fast schon den Begriff des Abenteuerlichen übersteigen und in unserer Vorstellungswelt die gewohnten Dimensionen sprengen.

Aber damals! Ja, mancher brave Bürger, der gezwungen war, mit der Postkutsche über Land zu reisen, mag aufgeatmet haben. Wie wurde er auf den schlechten Straßen zerschlagen und durchgerüttelt, glichen doch manche der Chausseen genau dem, was wir heute einen Feldweg nennen. Es sprach sich bald herum, welche Vorzüge die neue Schienenbahn gegenüber dem Geholper und Gestolper der alten Kutsche aufwies.

Freilich, als man den ersten Eisenbahnzug zu Gesicht bekam, da wurde manchem doch anders ums Herz. Die Lokomotive mit ihrem Zischen und Fauchen, mit ihrem Auspufflärm und ihrem Klappern fiel völlig aus dem Gewohnten heraus, und da das Mittelalter mit seinen Vorstellungen von Hexen und Dämonen durchaus noch nicht fern lag, tauchte der Vergleich der Lokomotive mit einer Erfindung des Teufels bald auf.

Das bekamen auch die allerersten Eisenbahnbauer zu spüren, sei es, daß sie als Landvermesser durchs Gelände zogen und mit Hunden von den Feldern gehetzt wurden, sei es, daß sie als Grundstückskäufer die Dörfer besuchten, um mit den hinterwäldlerischen Bauern arge Kämpfe zu bestehen und in den Dorfschän-

Die „Saxonia" fuhr den ersten Zug auf der Leipzig—Dresdener Eisenbahn 1838.

ken hitzige Debatten über die Vorzüge der neuen Eisenbahn auszufechten. Man bedenke einmal, daß sie eine Sache vertreten mußten, die überhaupt niemand kannte! War dann der größte Teil der Grundbesitzer einsichtig genug, die Vorteile zu erkennen, so blieben gewiß ein oder zwei verschrobene Dickköpfe übrig, die sich strikt weigerten, ihr Land zu verkaufen. Was blieb in solchen Fällen anders übrig! Die Eisenbahn verlegen oder Zwangsmaßnahmen anzuwenden, beides gleich unangenehm.

Und doch: „Diesen Karren, der durch die Welt rollt, hält kein Menschenarm mehr auf!" Das sagte der preußische Kronprinz Friedrich Wilhelm der Vierte, als die erste Eisenbahn von Berlin nach Potsdam im Jahre 1838 eingeweiht wurde. Ein prophetisches Wort! Längst hatten sich in den großen Handelszentren der Welt Komitees zwecks Gründung von Bahngesellschaften etabliert. Die Eröffnung der Liverpool — Manchester-Eisenbahn, der ersten großen bedeutenden Fernbahn, wurde wie schon erwähnt, in der ganzen Welt als der Beginn einer neuen Zeit gefeiert, und in manchem Gehirn machte sich doch ein dumpfes Ahnen, bemerkbar, daß wieder einmal „eine gute alte Zeit" zu Ende gegangen sei.

In Österreich hatte bereits der Ritter von Gerstner eine Pferdeeisenbahn von Linz nach Budweis gebaut, die im Jahre 1828 auf der ersten Teilstrecke ihren Verkehr mit Schienenkutschen aufnahm. Immerhin war sie bereits eine richtige Schienenbahn und wies die Vorzüge von Rad und Gleis eindeutig nach. Interes-

Die ersten Eisenbahnen fuhren in

Land	Jahr	Strecke	Länge
England	1825	Stockton—Darlington	41 km
Österreich	1828	Budweis—Kerschbaum	64 km
Frankreich	1828	St. Etienne—Andrézieux	18 km
USA	1829	Baltimore—Ellicot Mills	24 km
Tschechoslowakei	1830	Prag—Lana	57 km
England	1830	Liverpool—Manchester	51 km
Schottland	1832	Edinburgh—Dalkeith	19 km
Irland	1834	Dublin—Kingstown	10 km
Belgien	1835	Brüssel—Mecheln	20 km
Deutschland	1835	Nürnberg—Fürth	6 km
England	1837	Birmingham—Liverpool	125 km
Frankreich	1837	Paris—St. Germain	19 km
Österreich	1837	Floridsdorf—Wagram	15 km
Rußland	1838	Petersburg—Zarskoje Selo	27 km
Österreich	1839	Wien—Brünn	143 km
Italien	1839	Neapel—Portici	8 km
Holland	1839	Amsterdam—Harlem	16 km
Kuba	1840	Habana—Guyanay	50 km
Polen	1846	Warschau—Tschenstochaú	251 km
Schweiz	1847	Zürich—Baden	24 km
Dänemark	1847	Kopenhagen—Roskilde	30 km
Spanien	1848	Barcelona—Matarô	28 km
Portugal	1854	Lissabon—Carregado	36 km
Norwegen	1854	Oslo—Eidsvold	68 km

Eröffnungsdaten der ältesten deutschen Eisenbahnstrecken

Datum	Strecke	Datum	Strecke
7. 12. 1835	Nürnberg—Fürth	1. 9. 1839	München—Lochhausen
24. 4. 1837	Leipzig—Althen	26. 9. 1839	Frankfurt—Höchst
29. 10. 1838	Berlin—Potsdam	19. 5. 1840	Frankfurt—Wiesbaden
1. 12. 1838	Braunschw.—Wolfbttl.	23. 7. 1840	Magdeburg—Halle
20. 12. 1838	Düsseldorf—Erkrath	18. 8. 1840	Halle—Leipzig
7. 4. 1839	Leipzig—Dresden	1. 9. 1840	Köthen—Dessau
29. 6. 1839	Magdebg.—Schönebeck	12. 9. 1840	Mannheim—Heidelbg.
2. 8. 1839	Köln—Müngersdorf		

Eröffnungsdaten der ältesten durchgehenden Hauptbahnstrecken

7. 4. 1839	Leipzig—Dresden
18. 8. 1840	Magdeburg—Halle—Leipzig (—Dresden)
10. 9. 1841	Berlin—Köthen (—Halle)
19. 9. 1842	Leipzig—Altenburg
31. 10. 1842	Berlin—Frankfurt (Oder)
29. 5. 1843	Breslau—Oppeln
15. 10. 1843	Köln—Herbesthal (—Belgien)
16. 8. 1843	Berlin—Stettin
29. 8. 1843	Breslau—Freiburg (Schles.)
15. 2. 1844	Köln—Bonn
18. 9. 1844	Altona—Kiel
1. 8. 1845	Heidelberg—Karlsruhe—Freiburg (Breisg.)
1. 9. 1846	Berlin—Breslau
15. 9. 1846	Berlin—Magdeburg
15. 12. 1846	Berlin—Hamburg
15. 5. 1847	Köln—Düsseldorf—Duisburg—Dortmund—Hamm (Köln-Mindener Eisenbahn)
1. 9. 1847	Dresden—Breslau
15. 10. 1847	Köln—Hannover—Magdeburg—Berlin
12. 12. 1847	Hannover—Bremen
26. 5. 1848	Münster—Hamm (—Berlin)
1. 8. 1848	Dresden—Pirna
10. 8. 1848	Stettin—Kreuz—Posen
1. 10. 1848	Berlin—Dresden
18. 11. 1848	Frankfurt—Heidelberg (—Karlsruhe—Freiburg)
20. 11. 1848	Nürnberg—Hof—Plauen
20. 12. 1848	(Düsseldorf—) Elberfeld—Dortmund
25. 4. 1849	Ludwigshafen—Kaiserslautern—Grenze
1. 8. 1849	München—Nürnberg
5. 8. 1849	Magdeburg—Wittenberge (Dresden—Leipzig—Hamburg)
25. 9. 1849	(Berlin—) Halle—Erfurt—Kassel
3. 4. 1850	Kassel—Marburg
13. 5. 1850	(Hamburg—) Hagenow—Schwerin—Rostock
29. 6. 1850	Stuttgart—Ulm—Friedrichshafen
15. 10. 1850	Hamm—Paderborn
8. 4. 1851	Berlin—Dresden—Prag—Brünn—Wien
15. 7. 1851	Berlin—Leipzig—Nürnberg—München
15. 5. 1852	Berlin—Halle—Erfurt—Kassel—Frankfurt
2. 8. 1853	Berlin—Stettin—Kreuz—Bromberg—Dirschau—Königsberg

sant ist, daß man sich zu Anfang noch bei weitem nicht schlüssig werden konnte, ob alle Eisenbahnstrecken mit Dampflokomotiven zu betreiben seien. Es gab noch manchen Fachmann, der für ortsfeste Dampfmaschinen plädierte, mit deren Hilfe man die Züge an langen Seilen über die Schienen ziehen wollte. Andere wiederum waren für gemischten Betrieb, für leichte Züge mit Pferdebespannung, schwere Züge in der Ebene mit Lokomotiven; im Gebirge mit Seilbetrieb in ähnlicher Weise, wie er auf der ältesten deutschen Steilrampe, der Strecke von Erkrath nach Hochdahl, noch bis ins Jahr 1926 betrieben wurde. Das gute „Hottehüh" galt lange Zeit als der Lokomotive ebenbürtig, und selbst auf der ersten deutschen Eisenbahn, der Ludwigsbahn Nürnberg—Fürth, die 1835 eröffnet wurde, liefen noch bis 1857 von Pferden gezogene Züge, denn die Bahn besaß anfangs nur 2 Lokomotiven, den „Adler" von 1835 und den „Greif" von 1836, beide von Stephenson gekauft.

Als Deutschland seine erste Eisenbahn bekam, da gab es schon mehrere Linien in England und Irland, auch Frankreich hatte bereits eine Bahn von St. Etienne nach Lyon eröffnet. Wie schnell es auf dem englischen Mutterland vorwärtsging, mögen wir daraus ersehen, daß zu einer Zeit, als man sich in Deutschland noch darum stritt, ob der Nationalökonom Friedrich List, ein weitblickender und begeisterter Vorkämpfer für den Eisenbahngedanken, ein Demagoge oder Schwindler oder ein wirklicher Wirtschaftsexperte sei, England bereits große Fernbahnen in Betrieb nahm, so 1837 die 125 km lange Strecke Birmingham — Liverpool und 1838 die 181 km lange Strecke London — Birmingham. Aber im Jahre 1839 bekam auch Deutschland endlich seine erste große Fernbahn, die noch von Friedrich List geförderte Strecke Leipzig — Dresden, mit 116 km Länge damals ein respektables Wagnis von weittragender Bedeutung, das dem Eisenbahngedanken sehr viel Auftrieb gab. Denken wir daran, daß Sachsen in der Industrialisierung am weitesten fortgeschritten war und in Leipzig den bedeutendsten Handelsplatz Deutschlands besaß. Seit dem 7. April 1839 rollt der Verkehr über die älteste deutsche Hauptbahn. Der Strecke Nürnberg — Fürth blieb der Anschluß an ein Eisenbahnnetz versagt, auf ihrer Trasse fährt heute die Nürnberger Straßenbahn.

Bereits am 18. August 1840 wird die Dresdener Strecke über Halle nach Magdeburg verlängert. Im Jahre 1840 konnte also der Reisende von Magdeburg bis nach Dresden mit der Eisenbahn fahren. In Mitteldeutschland entwickelte sich bald das erste zusammenhängende Streckennetz. 1845 konnte man bereits von Dresden aus bis Hannover mit der Bahn fahren, von Zwickau über Leipzig, Halle, Köthen nach Berlin und Stettin. Im Jahre 1850 — man muß sich der Tragweite des bis dahin Geschehenen ganz bewußt werden — war es möglich, von Hamburg aus über Berlin — Frankfurt/Oder — Breslau bis nach Gleiwitz zu fahren, von Stettin aus über Berlin — Hannover — Köln bis Aachen. Um von Berlin aus bis Basel (!) durchgehend reisen zu können, fehlte lediglich noch das Stück zwischen Gießen und Friedberg an der Main-Weser Bahn.

Das Abenteuer Eisenbahn hatte begonnen.

„Jetzt schauen Sie sich das an!" beginnt unser Lokführer unvermittelt zu schimpfen und schreckt uns aus unseren Träumen. „Steht doch tatsächlich das Einfahrtssignal auf Halt! Was sagen Sie dazu?"

Wir sagen gar nichts, denn wir sind zunächst einmal verblüfft über die plötzliche Feststellung. Das kommt davon, wenn man zu spintisieren beginnt und nicht auf die Strecke achtet. Also durch die Lokführerprüfung wären wir jetzt durchgefallen. Das Vorsignal zeigte bereits Rot, das in der Ferne sichtbare Hauptsignal streckt als kategorischen Imperativ seinen Flügel drohend auf Halt!

„Wie kommt das denn? Liegt ein Zug vor uns?"

„I wo, um die Zeit ist sonst immer frei. Wer weiß, wer da heut auf'm Stellwerk geschlafen hat!"

Der Führer hat seinen Schalter auf Null gestellt und gibt mit dem Führerbremsventil leichte Bremsstöße. Wir rollen langsam auf das Signal mit dem feindlichen Verbot zu. Vor lauter Spannung, was es jetzt gibt, verpassen wir beinahe den herrlichen Landschaftsblick, der sich vor uns auftut. In der Ferne baut sich der Hochschwarzwald majestätisch auf, den unsere V 200 noch bezwingen will. Wir schauen dem Lokführer über die Schulter auf sein Fahrplanblatt. Hausach heißt der kommende Bahnhof, erster planmäßiger Halt und Talstation der Schwarzwaldrampe.

Gottlob, der Flügel schwenkt in die Höhe, noch bevor unser Zug zum Stillstand gekommen ist. Der Lokführer schaltet wieder ein, die Motoren dröhnen auf, Einfahrt frei!

Die Bremsluft zischt auf, wir rollen an den Bahnsteig und kommen vorschriftsmäßig zum Stehen. Links vor dem Bahnhofsgebäude der rote Schienenbus aus Freudenstadt. Er ist kurz vor uns eingetroffen und wird nachher wieder zurückfahren. Hier sind die Berge schon höher. Wir öffnen das Fenster und stecken die Nase auf die rechte Seite hinaus, damit wir den Lokführer nicht behindern. Hui, es weht ein kerniges Lüftchen, und selbst unsere vom Benzingestank abgestumpften Geruchsnerven beginnen den würzigen, ozonhaltigen Duft dieser Gebirgslandschaft zu wittern. Dort drüben liegt das kleine Hausacher Bw. Eine Dampflok der Baureihe 44 steht auf dem Wartegleis unter Dampf. Sicher muß sie nachher, wenn der Güterzug kommt, als Schiebelok in Aktion treten.

Doch wir haben wenig Zeit zum Beobachten. Nur eine Minute beträgt unsere Haltezeit. Das Ausfahrtssignal steht bereits auf Fahrt. Durchs offene Fenster dringt der Abfahrtspfiff herein. Unser Meister tritt wieder an sein Pult, schaltet den Anfahrgang ein. Brummend, widerwillig aufheulend setzt sich unsere Lokomotive in Bewegung, ein wenig schwerfällig, so als ahne sie, daß es in kurzer Zeit hart auf hart gehen und das Letzte von ihr abverlangt wird, das Gebirge zu bezwingen.

Nun beginnt der schönste Teil der Fahrt. Schon nach wenigen hundert Metern spüren wir, wie die Strecke steigt, sie schwenkt nach rechts in das Gutachtal hinein, die Kinzig verschwindet links im Sonnendunst. Ein Einschnitt nimmt uns auf, dumpf röhrt das Brummen unserer Dieselmotoren von den Hängen zurück,

DIE DEUTSCHEN EISENBAHNEN
(Streckenlänge 1919)

A. *Staatsbahnen.*

Preußisch-Hessische Staatseisenbahn	35 750 km	1880—1919
davon Preußen	34 443 km	
Hessen *)	1 307 km	
Bayerische Staatsbahn, rechtsrheinisches Netz	7 289 km	1844—1919
linksrheinisches Netz **)	869 km	1847—1908
Sächsische Staatsbahn	3 370 km	1847—1919 ***)
Württembergische Staatsbahn	2 156 km	1845—1919
Badische Staatsbahn	1 899 km	1840—1919
Mecklenburgische Friedrich-Franz-Eisenbahn	1 177 km	1847—1919
Oldenburgische Staatsbahn	681 km	1867—1919
Reichseisenbahnen Elsaß-Lothringen	2 255 km	1870—1918
1919 an Siegermächte abgetreten	7 868 km	

*) Main-Neckar-Eisenbahn, Hessische Ludwigsbahn, Oberhessische Eisenbahn
**) Pfalzbahnen, ursprünglich selbständig, 1908 an Bay.St.B.
***) Leipzig-Dresdener-Eisenbahn, Privatbahn 1837—1876

B. *Privatbahnen,* die später in den Preußischen Staatsbahnen aufgingen.
(Zusammengestellt von H. Bombe)

Aachen-Düsseldorf-Ruhrorter Eisenbahn	1849—1866
Aachen-Jülicher Eisenbahn	1875—1887
Aachen-Maastrichter Eisenbahn	1853—1867
Alt Damm-Kolberger Eisenbahn	1882—1903
Altona-Kieler Eisenbahn	1844—1884
Bergisch-Märkische Eisenbahn	1848—1882
Berlin-Anhaltische Eisenbahn	1841—1882
Berlin-Dresdener Eisenbahn	1875—1887
Berlin-Görlitzer Eisenbahn	1867—1882
Halle-Sorau-Gubener Eisenbahn	1871—1885
Märkisch-Posener Eisenbahn	1870—1882
Berlin-Hamburger Eisenbahn	1846—1884
Hamburg-Bergedorfer Eisenbahn	1842—1846
Berlin-Potsdam-Magdeburger Eisenbahn	1846—1880
Berlin-Potsdamer Eisenbahn	1838—1846
Berlin-Stettiner Eisenbahn	1842—1879
Bonn-Kölner Eisenbahn	1844—1857

Braunschweigische Eisenbahn	1838—1885
Breslau-Schweidnitz-Freiburger Eisenbahn	1843—1884
Breslau-Warschauer Eisenbahn	1871—1904
Dortmund-Gronau-Enscheder Eisenbahn	1874—1903
Düsseldorf-Elberfelder Eisenbahn	1838—1856
Frankfurt-Bebraer Eisenbahn	1865—1880
Frankfurt-Hanauer Eisenbahn	1848—1872
Frankfurt-Offenbacher Eisenbahn	1848—1873
Friedrichrodaer Eisenbahn	1876—1889
Glückstadt-Elmshorner (Holsteinische Marschb.) Eisenbahn	1845—1890
Halle-Kasseler Eisenbahn	1865—1877
Hannover-Altenbekener Eisenbahn	1872—1879
Hannoversche Staats-Eisenbahn	1843—1880
Hessische Ludwigsbahn	1853—1896
Homburger Eisenbahn	1860—1880
Kiel-Eckernförde-Flensburger Eisenbahn	1881—1903
Köln-Krefelder Eisenbahn	1855—1860
Köln-Mindener Eisenbahn	1845—1879
Köthen-Bernburger Eisenbahn	1850—1866
Kottbus-Großenhainer Eisenbahn	1874—1882
Oberlausitzer Eisenbahn	1872—1887
Kronberger Eisenbahn	1874—1914
Kurfürst Friedrich Wilhelms Nordbahn	1848—1867
Magdeburg-Halberstädter Eisenbahn	1843—1879
Magdeburg-Leipziger Eisenbahn	1840—1875
Magdeburg-Wittenberger Eisenbahn	1849—1863
Main-Neckar Eisenbahn	1846—1901
Main-Weser Eisenbahn	1849—1880
Marienburg-Mlawkaer Eisenbahn	1876—1903
Militär-Eisenbahn	1875—1918
Nassauische Eisenbahn	1858—1880
Neisse-Brieger Eisenbahn	1847—1870
Niederschlesische Zweigbahn	1847—1873
Niederschlesisch-Märkische Eisenbahn	1844—1880
Berlin-Frankfurter Eisenbahn	1842—1845
Berliner Nord-Eisenbahn	—
Wetzlarer Eisenbahn	—
Nordhausen-Erfurter Eisenbahn	1869—1887
Saal-Unstrut-Eisenbahn	1874—1882
Oberhessische Eisenbahn	1869—1896
Oberschlesische Eisenbahn	1842—1882
Krakau-Oberschlesische Eisenbahn	—
Oels-Gnesener Eisenbahn	1875—1884

Ostbahn	1851—1880
Ostpreußische Südbahn	1865—1903
Posen-Kreuzburger Eisenbahn	1875—1884
Prinz Wilhelm Eisenbahn	1847—1863
Rechte Oder Ufer Eisenbahn (Oppeln—Tarnowitz)	1855—1884
Rheinische Eisenbahn	1838—1880
Saal-Eisenbahn (Großheringen—Saalfeld)	1874—1895
Saarbrücker Eisenbahn	1852—1880
Rhein-Nahe Eisenbahn	1858—1882
Schleswigsche Eisenbahn	1854—1885
Stargard-Küstriner Eisenbahn	1882—1903
Stargard-Posener Eisenbahn	1847—1884
Taunus Eisenbahn	1839—1872
Höchst-Sodener Eisenbahn	1847—1863
Thüringische Eisenbahn (Halle—Gerstungen)	1846—1882
Tilsit-Insterburger Eisenbahn	1865—1884
Unter Elbesche Eisenbahn	1880—1890
Weimar-Geraer Eisenbahn	1876—1895
Wernhausen-Schmalkaldener Eisenbahn	1874—1890
Werra-Eisenbahn	1858—1895
Westfälische Eisenbahn	1850—1880
Münster-Hammer Eisenbahn	1847—1855
Münster-Enscheder Eisenbahn	1875—1885
Westholsteinische Eisenbahn	1877—1890
Wilhelmsbahn (Heydebreck—Oderberg)	1847—1870

C. *Privatbahnen*, die nach 1920 in die Deutsche Reichsbahn aufgingen

Hafenbahn Bremen	1930
Eisenbahnen des Saargebietes	1935
Lübeck-Büchener Eisenbahn	1937
Braunschweigische Landeseisenbahn	1938
Lokalbahn AG München	1938
Lausitzer Eisenbahn	1938
Eisenbahn Oberhohnsdorf-Reinsdorf	1940
Eutin-Lübecker Eisenbahn	1942
Mecklenburgische Friedrich-Wilhelmsbahn	1942
Kreis Oldenburger Eisenbahn	1942
Prignitzer Eisenbahn	1942
Eisenbahn Wittenberge-Perleberg	1942
Schipkau-Finsterwalder Eisenbahn	1943

Vorübergehend gehörten ferner zur Deutschen Reichsbahn:

Österreichische Bundesbahnen	1938—1945
Bahnen des Sudetengebietes (ČSD)	1938—1945
Memelgebiet (Teil der Litauischen Staatsbahn)	1939—1944
Eupen-Malmedy (Teil der SNCB)	1940—1945
Olsa-Gebiet (ČSD)	1940—1945
Polnische Staatsbahnen	1940—1945
Luxemburgische Prinz-Heinrich-Bahn	1940—1945

zwischen denen sich die Strecke entlangzieht. Mit voller Kraft donnert unser schwerer Zug in die Berge hinein.

„Hätte nichts geschadet, wenn sie uns Vorspann gegeben hätten", brummt unser Lokführer vor sich hin, „möchte wissen, warum wir's mit dem 676er allein schaffen sollen. Das gibt nachher'n Stück Arbeit!"

Uns kann's recht sein. Wir freuen uns darauf, einmal eine Dieselmaschine bei ihrer Höchstleistung kennenzulernen. Noch sind wir pünktlich. Werden wir die Fahrzeit halten können?

Es ist schon ein eigen Ding, fährt man das erste Mal über eine richtige Gebirgsbahn. Was waren das doch für Großtaten damals, als die alten Bahnbauer auch vor den Bergen nicht mehr haltmachten, sondern weiter vorstießen als echte Pioniere der Neuzeit.

Das fing in Österreich schon zeitig an. Dort standen die Berge sozusagen vor der Haustür, und jeder Eisenbahnbauer mußte sich zwangsläufig mit ihnen auseinandersetzen.

Bereits im Jahre 1841 — die Eisenbahn war kaum in das Bewußtsein der Zeitgenossen getreten — erkannte man dort die wichtige politische und wirtschaftliche Bedeutung des neuen Verkehrsmittels. In Österreich sah es um 1840 ja anders aus als heute. Noch stand die alte K. und k. Donaumonarchie in voller Blüte, die Österreicher waren seinerzeit noch „ein Volk von Seefahrern", denn sie besaßen ja den Mittelmeerhafen Triest. Eine schnelle Verbindung von Triest nach Wien konnte zur Existenzfrage des Staates werden. Die schnellste und kürzeste Verbindung verlief jedoch über den Semmeringpaß, einen Ausläufer der norischen Alpen mit immerhin 900 m Höhe. Die Eisenbahn mußte also in jedem Falle dieses Hindernis überwinden, wie — das stand auf einem anderen Blatt. Es gibt wohl kein Beispiel in der neueren Geschichte, daß man ein riesiges Bauvorhaben begann, ohne sich über die Möglichkeiten seiner Durchführung im klaren zu sein.

Fest stand allein, daß die Bahn gebaut werden mußte. Also nahm man im Jahre 1839 den Bau eines ersten Teilstückes von Wien nach Gloggnitz in Angriff. Hier geboten die Berge zunächst einmal Halt, liegt doch dieser Bahnhof bereits 439 m hoch. Wie es weitergehen sollte, wußte niemand. Man berief zwar im

Jahre 1841 den kaiserlichen Rat Karl Ritter von Ghega zum Bauleiter der imaginären Bahnlinie Wien — Triest. Ghega, Venezianer von Geburt, hatte sich bereits als Bauleiter bei der Kaiser-Ferdinands-Nordbahn verdient gemacht. Er war dann bei der neu errichteten Staatsbahn tätig, versuchte aber immer wieder, sein Wissen durch ausgedehnte Studienreisen zu erweitern. Denn wer Eisenbahn bauen wollte, der mußte es dort lernen, wo sie bereits in Betrieb stand.

Aber auch Ghega wußte keinen Rat. Alle möglichen Pläne tauchten auf. Man dachte an eine Seilbahn, mit deren Hilfe das Gebirge überquert werden konnte. Andere wollten einen 6 km langen Tunnel unter dem Semmeringkogel in Richtung Spital durchbrechen. Stephenson in England wurde sogar um gutachtliche Äußerung angegangen, und der große alte Mann der Eisenbahn schlug ernsthaft vor, man solle den Betrieb mit Pferden durchführen, da es nicht möglich sei, Dampflokomotiven auf einer Gebirgsbahn einzusetzen. Man kann die damalige Situation eben nur verstehen, wenn man bedenkt, daß es noch keinerlei Vorbild für eine Gebirgsbahn gab. Die Eisenbahn war bis jetzt immer im Flachland geblieben. Man traute der Rad-Schienenreibung noch nicht recht über den Weg.

Da niemand einen Ausweg wußte, baute man einfach von Mürzzuschlag aus weiter, sparte also den Semmering aus, in der Hoffnung, irgend jemandem werde schon eine geniale Lösung einfallen.

Nun, wer geglaubt hatte, Ghega werde einfach die Flinte ins Korn werfen, sah sich alsbald getäuscht. Er hatte sich auf einer Amerikareise eingehend über die Möglichkeiten informiert, die dem Bahnbau überhaupt zu Gebote standen. In Amerika blickte man wesentlich weiter. Längst gab es dort auch in den Bergen den Schienenstrang, es hatten sich keinerlei Schwierigkeiten ergeben. Als Ghega zurückkam, stand fest, daß der Semmering mit einer Lokomotiveisenbahn überquert würde. Doch erst hieß es, das Heer der Zweifler und Besserwisser davon zu überzeugen und die vielen teilweise unsinnigen Vorschläge zu widerlegen, vor allem den Hof für seine Pläne zu gewinnen.

In dem damals schon berühmten Alois von Negrelli erhielt Ghega einen trefflichen Bundesgenossen, es gelang ferner, den Erzherzog Johann einzuspannen. Über einige Hintertüren kam es im Jahre 1845 schließlich zu dem Auftrag, den Bau einer Schienenbahn über den Semmering einzuleiten.

Ghega stürzt sich mit vollen Kräften an die Arbeit, plant, erkundet, vergleicht und findet schließlich die günstigste Trassierungsmöglichkeit. Sie entspricht dem damals technisch Möglichen. Die Bahn wird unter reichlicher Verwendung von Stützmauern an die Berglehne angeschmiegt, gewinnt auf diese Weise an Höhe und fährt auch die Täler aus oder überquert sie auf einer Reihe von kühnen Viadukten, deren längster der über die Schwarza bei Payerbach (228 m) und deren bekanntester und kühnster der über die Kalte Rinne ist. Die Bahntrassierung verläuft hier besonders interessant. Die Strecke zieht sich von Gloggnitz dem Adlitzgraben folgend in vielfachen Krümmungen herauf, überquert dann an der Polleroswand die „Kalte Rinne" auf einem 46 m hohen und 184 m langen Viadukt, das noch dazu in einem Bogen von 190 m Halbmesser liegt, und steigt

Oben: Beim Bau der Transkaspischen Eisenbahn in Turkestan wurde 1887 ein „Arbeitszug" mit allen Bequemlichkeiten gebaut und eingesetzt. (Foto: Bechtold-Kuriosa)

Unten: Inneres eines Wagens der Union-Pacific-Bahn im Jahre 1887. (Foto: Bechtold-Kuriosa)

Aus den ersten Jahrzehnten
der Eisenbahnen.
Oben: Paddington-Station
in London um 1866. (Great
Western Eb. Foto: Museum
di Rodo)

Links: Personenzug
der Bayerischen Staatsbahn
auf der Wertachbrücke in
Augsburg um 1893. (Foto:
Sammlung Dr. Scheingraber)

Zug der Berliner Stadtbahn
um die Jahrhundertwende.
(Foto: Sammlung Dr. Scheingraber)

dann an der Nordseite des Gebirges bis zum Semmeringsattel empor, den sie in einem 1430 m langen Tunnel unterfährt, um sich anschließend im Fröschnitztal nach Mürzzuschlag zu senken.

Die Planungsarbeiten zogen sich lange hin. Die Revolution von 1848 kam dazwischen, sie trug in gewisser Hinsicht zur Beschleunigung der Arbeiten bei, die sozusagen als Arbeitsbeschaffungsprogramm für viele Arbeitslose dienten. Anfang 1849 wurde mit dem Bau begonnen. 1850 wurde von der Regierung auf Vorschlag Ghegas ein Wettbewerb zur Erlangung einer geeigneten Lokomotivbauart ausgeschrieben.

Am 24. September 1853 fand die erste Probefahrt auf der Semmeringbahn von Mürzzuschlag aus bis zur Kalten Rinne mit einer ganz normalen Südbahnmaschine statt, und am 23. Oktober des gleichen Jahres befuhr die Lokomotive „Lavant" das erste Mal die Strecke in ihrer Gesamtlänge. Am 17. Mai 1854 dampfte der Sonderzug des Kaisers Franz Joseph über die Bahn, die dann am 17. Juli, als das zweite Gleis fertiggestellt war, feierlich dem allgemeinen Verkehr übergeben wurde.

Damit war die erste bedeutende europäische Gebirgsbahn vollendet und ein Abenteuer ausgestanden, das uns heute recht sonderbar erscheinen will. Die Semmeringbahn wird seit einigen Jahren elektrisch betrieben. Der Reisende spürt kaum noch etwas von dem großen Wunder ihres Baus, der in solch hohem Maße befruchtend auf die Ingenieure der ganzen Welt gewirkt hat.

Zweite große europäische Alpenbahn wurde die Brennerbahn, 1864 — 66 nach den Prinzipien der Semmeringslinie erbaut. Ihre Höhe gewann sie ebenfalls noch durch Ausfahren der Täler, insbesondere bei Stafflach und Gossensaß.

Es lagen also bereits mancherlei Erfahrungen vor, als die deutschen Bahnen ins Gebirge vorrückten und Baden mit der 1866 erbauten Bahnlinie Offenburg — Hausach — wir haben sie eben hinter uns gelassen — und 1869 Donaueschingen — Villingen bereits von beiden Seiten in den Schwarzwald eingedrungen war.

Nun aber zu unserer Bahnstrecke. Ein Tunnelportal vor uns, der Lokführer drückt einen Schaltknopf, unharmonisch jault der Pfiff der V 200 auf, schon verschwinden wir im Dunkeln. Der Tunnel ist aber nur kurz, der erste von 36, die wir auf der vor uns liegenden Strecke zu durchfahren haben.

„Jetzt den schönen Talblick nicht versäumen!" ruft uns der Lokführer zu.

Schon wird es wieder hell. Ein Einschnitt, dessen Böschungen schnell flacher werden, und da — da geht es hinaus hoch über das Tal — wir fahren über den Hornberger Viadukt, rechts unten liegt das vom Hornberger Schießen her so bekannte Städtchen mit dem Schloß auf der Höhe, links unten zieht sich das Reichenbachtal in den Schwarzwald hinein, wir können den Kopf gar nicht so schnell wenden, wie die Dinge an uns vorübereilen. Da sind wir auch schon über den 24 m hohen und 175 m langen Talübergang hinweg, der Lokführer bedient die Bremse, wir gleiten an den Bahnsteig des Hornberger Bahnhofs heran, mit Knirschen und Kreischen kommt der Zug zum Stehen.

„Hornberg! — — — Hornberg!" ruft draußen der Schaffner, und es ist richtig gemütlich, dem Verkehr auf dem kleinen Bahnsteig zuzuschauen. Dabei weht ein Lüftchen von den Bergen herab, bei dem man förmlich den Sauerstoff mit dem Messer schneiden kann.

10.29 Uhr zeigt die Bahnhofsuhr. Noch sind wir pünktlich. Werden wir die Zeit halten können? Denn jetzt geht es los. 384 m liegt der Hornberger Bahnhof hoch, aber viele hundert Meter müssen wir in die Berge hinaufkraxeln. Das wird ein saures Geschäft für unsere V 200!

Da pfeift der Zugführer auch schon: „Abfahrt!" —

„Auf geht's!" ruft uns der Lokführer zu, schaltet den Anfahrgang ein, und wir lauschen, wie die Motoren aufzuheulen beginnen und sich unser Fahrzeug schwerfällig in Bewegung setzt.

Wie es mit der Schwarzwaldbahn damals von Hausach aus weitergehen sollte, darüber war man sich lange nicht klar. Ob sich der Schwarzwald überhaupt mittels einer Eisenbahn bezwingen ließ? Noch im Jahre 1860 konnte man in einem diesbezüglichen Bericht lesen: „Daß eine Eisenbahn, welche die Höhe des Schwarzwaldes zu erklimmen und auf derselben gegen Villingen und von da weiter gegen den Bodensee zu ziehen hätte, aus physischen Gründen untunlich sei, sollte wohl nicht länger bestritten werden. Es bedürfte der kostspieligsten Vorrichtungen, vielleicht gar einer Stunde langen Bedachung der ganzen Bahn, um sie im Winter benützbar zu halten. Leicht möchte sich dann aber herausstellen, daß es wohlfeiler wäre, den Verkehr der ganzen Gegend unentgeltlich auf die Staatskasse zu übernehmen, als für denselben eine Eisenbahn solchen übermäßigen Erbauungs- und Betriebskosten einzurichten . . ."

Nun, es hat zu allen Zeiten Leute gegeben, die alles besser wußten, das soll heutzutage noch genauso sein wie vor hundert Jahren, und wenn es den Besserwissern nach ginge, lebten wir noch heute in der Steinzeit. Nein, als im Gutachten diese Worte zu lesen waren, konnte man nicht ahnen, daß Baden über den bedeutendsten deutschen Eisenbahnbauer der damaligen Zeit verfügen würde: Robert Gerwig.

Der großherzogliche Baurat Robert Gerwig hatte sich als Straßenbauer im Hochschwarzwald schon wesentliche Kenntnisse über die klimatischen Bedingungen erworben. In der Schweiz erweiterte er sein Wissen. Die Rheinbrücke bei Waldshut gilt als sein Erstlingswerk. Es war ein glücklicher Griff, daß die Regierung diesen Mann mit dem Bau des restlichen Teilstückes der Schwarzwaldlinie Hausach — Villingen betraute.

Wie sollte der Höhenunterschied zwischen Hausach, das 243 m hoch liegt, bis Sommerau, dem höchsten Punkt der Bahn mit 834 m Höhe, bezwungen werden? Was konnte man ferner tun, um der Bahn ohne Mehrkosten die nötige Sicherheit gegen die Unbilden des Winters zu geben?

Gerwig löste diese Fragen in einmaliger und für alle künftigen Gebirgsbahnen vorbildlicher Weise durch Erfindung der Doppelschleife. Wir erwähnten bereits, daß die früher gebauten Bahnen die Höhe durch Ausfahren der Täler mittels

DIE SCHWARZWALDBAHN
ZWISCHEN
HAUSACH
UND
VILLINGEN

einfacher Schleifen gewannen. Gerwig führte gleich zweimal hintereinander eine Doppelschleife aus, ein System, das in der ganzen Welt Bewunderung und Aufsehen erregte und unmittelbar zum Vorbild der berühmten Gotthardbahn wurde. Wir werden es gleich erleben und anhand der wundervollen Linienführung die Leistung Gerwigs zu schätzen wissen.

„Dort rechts unten liegt das Dorf Niederwasser", ruft uns der Lokführer zu und weist mit der Hand nach dem Fenster, „aber bis zum Bahnhof Niederwasser hat's noch gute Weile. Da müssen wir erst drüben an die andere Talseite und dann um den ganzen Eisenberg herumfahren. Sehen Sie rechts oben am anderen Talhang gegenüber unsere Strecke? Da werden wir gleich entlangrollen."

Wir hängen am Fenster, um ja nichts zu verpassen. Tief liegt das Gutachtal unter uns, auf der anderen Talseite der 724 m hohe Eisenberg. Unsere Geschwindigkeit hat merklich nachgelassen. Sei es, wie es sei, jetzt wollen wir in vollen Zügen unsere Fahrt auskosten. Rechts zweigt das Obergießbachtal ab, das wir zweimal überqueren werden. Und nun kommt in der Ferne auch schon der zweite kleine Tunnel auf uns zu. Pfiff — wir poltern hinein, nur wenige Meter, dann umfängt uns wieder das Tageslicht, aber — Pfiff — ein weiterer Zwergtunnel — Dunkel und Helligkeit in rascher Folge!

„Obacht!" ruft der Führer, „die Niederwasserkehre!"

Schon neigt sich unsere Maschine ein wenig nach rechts, eine scharfe Kurve kommt auf uns zu, eine Brücke, unter uns die Gutach, herrlich der Blick ins Tal hinab, vorbei, ein Einschnitt, immer noch die große Krümmung, die uns um fast 270 Grad in die entgegengesetzte Richtung führt.

‚Niederwasser Kehrtunnel' lesen wir am Portal des vor uns auftauchenden Tunnels. — Pfiff — Dunkelheit — die Neigung nach rechts zeigt an, daß der Tunnel auch in der Kehre liegt. Hier lernen wir also das erste wunderbare Stück der großen Gerwigschen Leistung kennen. Während die Höhe mittels der zwei genannten doppelten Kehrschleifen gewonnen wird, hat Gerwig die Strecke so günstig dem Gelände angepaßt, daß kein winterlicher Schnee, kein Bergsturz, kein Steinschlag oder Erdrutsch auch nur für einen Tag seit Erbauung der Bahn den Betrieb gestört hätte. Selbst die kleinen Zwergtunnels — zwei haben wir schon hinter uns — die den Zeitgenossen damals so völlig überflüssig vorkamen, erfüllen einen tieferen Zweck, indem sie die Bahn vor Katastrophen schützen. Außer dem Viadukt von Hornberg besitzt die Bahn keine Brücke von Bedeutung.

Da wir noch in der Kehre fahren, kommt das Tunnelende ganz plötzlich auf uns zu. Da ist es schon, und gleich anschließend fahren wir über das Obergießbachtal, das wir vorhin von der anderen Seite gesehen haben. Schon wieder nimmt uns ein Tunnel auf — es geht jetzt Schlag auf Schlag — unsere Richtung wendet sich, die Maschine neigt sich nach links, und nach Verlassen des Tunnels sehen wir uns bereits in einer Linkskurve.

Herrlicher Wald, tief holen wir zwischen zwei weiteren Zwergtunnels Atem. Der kleinste Tunnel der Schwarzwaldbahn ist nur 14 m lang, dann folgen zwei mit je 23 und 24 m Länge.

„Jetzt geht's nach links, zwischen dem Letschenberg- und dem Röllerwald-tunnel können Sie wieder das Dorf Niederwasser unten sehen. Aber nur 'n Augenblick lang. Die Bundesbahn hat's auch mit den Sehenswürdigkeiten eilig."

Nun sind wir bereits 2 km am Talhang zurückgefahren in der Richtung, aus der wir gekommen sind. Hinter dem Röllerwaldtunnel rechts ein herrlicher Blick in das Niedergießbachtal, während wir abermals um 180 Grad nach links schwenken. Es ist wundervoll, hier auf dem Führerstand der Lokomotive zu stehen, die Strecke vor den Augen und alle Sehenswürdigkeiten sozusagen aus erster Hand zu haben. Allerdings brummt unser 2000-PS-Riese ganz gewaltig, hinter dem Röllerwaldtunnel liegt eine der härtesten Rampen, und hier wackelte früher der ganze Eisenberg, wenn die schweren Dampfzüge mit donnerndem Auspuff herangetobt kamen. Doch nirgends steigt die Bahn stärker als zwei Prozent, das auch nur an den steilsten Stellen.

Am Ende der Kurve ein finsteres Portal. „Eisenbergtunnel" lesen wir beim Hindurchfahren. Diesmal liegt der Tunnel aber in der Geraden, wir sehen das andere Ende als kleines Lichtloch auf uns zukommen, größer und größer werden, bis uns der strahlende Sommertag umfängt.

„Jetzt fahren wir nochmals übers Obergießbachtal, und dann kommt der Bahnhof Niederwasser. Aber wissen Sie, die Niederwasserer haben es zum Horn-berger Bahnhof näher als zu ihrem eigenen. Der hier ist eigentlich mehr für Fremde oder die paar Bergbauern in der Gegend. Vielleicht ist denen damals auch gerade kein anderer Name eingefallen."

Besorgt schaut unser Meister auf die Uhr und den Geschwindigkeitsmesser, der fallende Tendenz aufweist. Wenig über 40 zeigt die Nadel an, und daran klopfen hilft auch nichts. Die schwere Last unseres Zuges macht sich auf der Steigung unangenehm bemerkbar. Wir sind jetzt bereits 550 m geklettert, das sind 116 m seit Hornberg. Unser Gleis bleibt an der Westseite des Tales. Wir durchfahren den Hippensbachtunnel, gleich darauf den Kurzenbergtunnel. Unsere ursprüng-liche Fahrtrichtung ist wieder erreicht, die erste Doppelschleife der Schwarzwald-bahn liegt hinter uns. Drei kleinere Tunnels folgen, dann gibt uns der Lokführer wieder einen Hinweis: „Links oben die Seelenwaldkurve! Die Bahn führt hinter Triberg, das wir jetzt gleich erreichen, dort drüben an der anderen Talseite wieder zurück, umfährt den Seelenwald und kommt ganz oben abermals zum Vorschein. Nachher, kurz vorm Haldentunnel, können Sie alle beiden Strecken übereinander sehen. Na, ich zeige sie Ihnen."

Voller Spannung schauen wir aus dem Fenster. Leider fahren wir häufig durch Wald und Einschnitte, die uns die Sicht versperren. In der Ferne abermals ein schwarzes Tunnelloch.

„Achtung, jetzt Augen links!" ruft uns der Führer zu. Und richtig, das Gutach-tal macht eine kurze Schwenkung nach Osten, die ersten Triberger Häuser liegen dort unten, oben aber sehen wir die untere Seelenwaldstrecke und ganz oben die Dammschüttung der oberen Seelenwaldstrecke. Drei Bahnlinien in Etagen über-einander! Ist das nicht wie in der Schweiz? Nirgendwo anders als an dieser Stelle wird uns deutlich, woher die wunderbare Linienführung der Gotthardbahn bei Wassen oder Giornico stammt.

Leider ist der Blick nur allzu kurz, ein schönes Schwarzwaldhaus links, dann nimmt uns der Großhaldentunnel auf. Hinterm Portal beginnt der Triberger Bahnhof. Aber wir brauchen nicht stark zu bremsen, unsere Geschwindigkeit ist arg abgesunken, und erst als wir das niedrige Bahnhofsgebäude bereits vor uns haben, schaltet der Lokführer aus und legt die Bremsen an.

„Schauen Sie sich die Bescherung an. 10.49 Uhr sollen wir hier sein. 2 Minuten Verspätung! Hab' ich's nicht gleich gesagt?" Der Lokführer schimpft vor sich hin, nun, lassen wir ihn schimpfen. Hier in Triberg verlassen viele Fahrgäste den Zug, Ausflügler, Sommerfrischler, Kurgäste, denn Triberg ist ein bekannter und sehr schön gelegener Kurort. Auf 616 m sind wir jetzt geklettert und meinen wunder, was wir bereits geleistet hätten. Aber noch weitere 200 m Höhe liegen vor uns.

„Wissen Sie, was uns jetzt fehlt?" fragt der Lokführer.

Wir wissen es nicht. Vielleicht eine Schiebelok?

„'n Signal auf Halt! Dann können wir uns einpacken lassen!"

Aber wir haben Glück. Alle Signale zeigen freundlicherweise Freie Fahrt an.

Einsteigen. Türen knallen, Pfiff, Abfahrt!

„Jetzt kommt eine miserable Ecke", erklärt unser netter Lokführer — wie gut, daß wir solch einen Streckenerklärer bei uns haben. Auf der Schwarzwaldbahn sollten alle Züge mit solchen „Fremdenführern" ausgerüstet sein. „Wissen Sie, zur Dampfzeit, da mußten wir Lokführer hier ordentlich aufdrehen, daß wir in Fahrt kamen. Aber gleich hinter Triberg liegen die beiden Kehrtunnel. Können Sie sich vorstellen, wie die ausgesehen haben, wenn die Dampfrösser mit Volldampf da hinein gepustet sind? Beim kleinen Triberger Kehrtunnel war es so schlimm, daß sie ihn aufschlitzen wollten, um die hohen Unterhaltungskosten einzusparen. Da ist ihnen aber die Hälfte zusammengekracht, und das hätte 'ne böse Sache werden können. Wieder hat sich gezeigt, wie die ganze Trassierung hier ihren tieferen Sinn hat. Seither hat keiner mehr von Aufschlitzen gesprochen. Na, jetzt wo wir Diesel fahren, ist's nicht mehr so schlimm. Deshalb hat man auch so zeitig die Schwarzwaldbahn verdieselt. Doch Obacht jetzt. Gleich hinterm Tunnel das Triberger Gaswerk! Passen Sie auf, das können Sie von oben nachher wieder sehen, merken Sie sich das als Orientierungspunkt, sonst finden Sie sich in der Richtung überhaupt nicht mehr zurecht."

Donnernd dröhnt unsere Maschine in den Tunnel, den wir nach kurzer Zeit verlassen. Und nun wissen wir wieder nicht, sollen wir nach rechts oder links schauen. Es geht über die Gutach, vorbei am Gaswerk. Links unten Triberg. Vor lauter Aufregung haben wir auch gar nicht auf das Gerwig-Denkmal am Triberger Bahnhof geachtet, das an den Erbauer der Bahn erinnert. Schon dröhnt unser Zug in den großen Triberger Kehrtunnel hinein, der wieder in der Kurve liegt und der uns jetzt abermals um 180 Grad zurück führt. Hier im Tunnel spüren wir, wie recht der Lokführer hat und wie die Aufgabe des Dampfbetriebes tatsächlich eine große Erleichterung für die Tunnelunterhaltung gebracht hat.

Nun erwartet uns ein Blick auf die Strecke, die wir vorhin am Haldentunnel aufwärts gekommen sind. Aber die Aussicht, die wir ins Tal haben, ist immer nur kurz. Einschnitte wechseln mit Dämmen, und der Wald versperrt uns meist den Blick. Herrlich die Fahrt über die Seelenwaldkurve und durch die 3 Seelenwaldtunnels mit wunderschönen Blicken in den Hochschwarzwald, vor allem auf der Gremmelsbacher Seite. Hier ist die Steigung nicht so stark, wir kommen flott in Fahrt, der Tachometer ist auf 65 geklettert. Wie wir an Gremmelsbach vorüberfahren, erklärt der Führer wieder: „Jetzt schauen Sie fleißig links übers Tal. Das ist das Obertal, die Berge hier sind schon über 900 m hoch, da hinten die Brunnholzer Höhe mit 942 m. Gleich kommt der lange Gremmelsbacher Tunnel, wir fahren unter dem ganzen Seelenwald hindurch und kommen an der Triberger Seite wieder heraus. Dann müssen Sie aufpassen, Sie können nämlich Triberg noch einmal ganz von oben sehen, gucken Sie nur nach dem Gaswerk als Orientierungspunkt."

Der Lokführer hat recht. Beim Verlassen schon sehen wir, wie hoch wir gekraxelt sind. Zur Rechten liegt das Gutachtal in ganzer Schönheit ausgebreitet. Unten Triberg mit einem Stück der Kehrschleife. Und da ist auch die unterste Trasse am Haldentunnel! Schon vorbei, der Hohnentunnel nimmt uns auf. Wir meinen, eine vollständig andere Strecke zu befahren, so sehr hat sich hier oben die Gegend geändert. Nicht zu glauben, daß wir uns immer noch im Gutachtal befinden und immer noch weiter an Höhe gewinnen müssen.

Hinter dem Grundwaldtunnel der Bahnhof Nußbach in 750 m Höhe. Auf zur letzten Etappe. Zwar hat sich unsere Fahrt wieder verlangsamt; aber allzu schlimm kann es nicht mehr kommen.

Hinter Nußbach der Krähenlochtunnel, dann der Farrenhaldetunnel — was haben die all für schöne Namen.

„Nun, haben Sie die Tunnels mitgezählt?" fragt uns der Lokführer, als wir durch den Tannenwaldtunnel poltern. „Gleich haben wir sie alle hinter uns. Der letzte Tunnel ist der längste, nämlich der 1700 m lange Sommerauer Tunnel. Das ist auch wieder interessant. Wir verlassen jetzt das Talsystem der Gutach, um in das der Brigach hinüberzuwechseln. Die Gutach fließt zum Rhein, die Brigach aber ist ein Quellfluß der Donau. Überm Sommerauer Tunnel liegt die Wasserscheide. Den Berg, den wir durchqueren, die Hochwälder Höhe, liegt immerhin 966 m hoch. Und gleich am Tunnelportal, wenn wir den Tunnel verlassen haben, dann können Sie mal die Luft anhalten. Dann sind wir auf dem höchsten Punkt unserer Reise angekommen und sind genau 834 m hoch geklettert."

Schnell nach rechts ein Blick ins Vordertal. Eine Rechtskurve, unvermittelt dröhnen wir in den Tunnel hinein, der uns in eine neue Landschaft führt. In der Mitte des Tunnels ein kleiner heller Fleck.

„Nanu? Ein Loch im Berg?" —

„Da scheint die liebe Sonne hinein, ein Entlüftungsschacht. War auch bitter notwendig. Was meinen Sie, wie der Tunnel manchmal verqualmt war, wenn man Pech hatte und es kam gerade ein Güterzug mit zwei Dampflokomotiven."

Auch 1700 m gehen zu Ende. Da der Tunnel ganz gerade ist, sehen wir schon lange das andere Ende allmählich größer werden. Während der letzten hundert Meter fliegt es förmlich auf uns zu, eine Links- und dann gleich eine Rechtskurve. Bahnhof Sommerau gleitet vorüber.

Nun kommt Leben in die Räder unserer Maschine. Die Talfahrt beginnt, wir haben es geschafft. Auf einer Strecke, die in der Luftlinie nur 11 km mißt, näm-lich von Hornberg bis Sommerau, sind wir um 448 m gestiegen. Das war aber nur auf dem Weg über die doppelten Kehrschleifen möglich, und kaum einem anderen Techniker hat man mit mehr Recht ein Denkmal gesetzt als Robert Gerwig in Triberg.

Hei, wie unsere rote V 200 031 jetzt aufjubelt. Der Lokführer muß alsbald bremsen. St. Georgen naht, das bereits 26 m tiefer liegt. Wie wird es mit der Zeit sein? Unser Meister ist mit seinem Zug beschäftigt. Als wir in den Bahn-hof einfahren, sehen wir die Bescherung. 11.14 Uhr! Das sind 3 Minuten Ver-spätung. Ja, auch eine V 200 kann nicht mehr leisten, als ihr möglich ist. Und doch hat sie sich wacker geschlagen, unsere tüchtige Dieselmaschine.

Nun ist es nur noch ein kurzes Stück Fahrt bis Villingen, dem Ende unserer Reise auf Deutschlands großer Gebirgsbahn und auch dem Heimathafen unserer V 200 031.

Die Schwarzwaldbahn wurde zum unmittelbaren Vorbild der Gotthardbahn. In der Schweiz suchte man schon gleich nach Aufkommen der ersten Eisenbahnen eine Möglichkeit, den Norden mit dem Süden über die Alpen hinweg zu ver-binden. Bereits im Jahre 1853 wurde das erste Gotthard-Komitee gegründet, denn von Anfang an schien eine Trassierung in Richtung Gotthard die aussichts-reichste Verbindung. Die Schwierigkeiten waren jedoch für damalige Verhältnisse noch zu groß. Erst nach Inangriffnahme des Mont Cenis-Durchstichs im Jahre 1857 lebten die alten Gedanken wieder auf. 1860 wurde ein zweites Gotthard-Komitee gegründet, im Jahre 1861 erhielt der Schweizer Ingenieur Kaspar Wetli den Auftrag, ein Vorprojekt aufzuarbeiten. 1864 übertrug der Gott-hard-Ausschuß als maßgebendes Organ Robert Gerwig das entscheidende Gut-achten über die Linienführung der Gotthardbahn. Wen wundert es, wenn wir also bei der Gotthard-Linie die gleichen Gedanken wie bei der Schwarzwald-bahn finden? Die bekannte Doppelschleife bei Wassen ist Gerwigs Werk, der im Jahre 1872 zum Bauleiter der Bahn bestellt wurde. Auf Grund persönlicher Differenzen schied er jedoch 1875 wieder aus, sein Nachfolger Hellwag war ebenfalls maßgeblich an den Projektierungsarbeiten beteiligt gewesen.

Über den Bau selbst schreibt Dipl.-Ing. O. Herrmann: „Der zwischen Italien und der Schweiz abgeschlossene Staatsvertrag vom 15. 9. 1869, dem im Jahre 1871 auch das Deutsche Reich beitrat, bildete die Grundlage des Gotthard-Unter-nehmens. Im Jahre 1872 wurde mit dem ersten Teilstück der Gotthardbahn, das heißt mit dem Bau des Gotthardtunnels durch die Firma Louis Favre in Genf begonnen. Die Erstellung dieses Werkes war mit erheblichen Schwierig-keiten verbunden, so vor allem wegen der Beschaffenheit des Gesteins, der hohen

USA — Land der großen Bahnen! Oben der „Empire State Express", aufgenommen 1939 bei Cold Springs, N. Y. Es führt eine „Hudson"-Lok der Klasse J-3a, New York Centralbahn. (Foto: NYC)

Unten: Schnellzug der Norfolk & Western Eb. mit der stromlinienverkleideten 2D2-Lokomotive bei der Fahrt über das Alleghany-Gebirge. (Foto: N & W)

Dampf und Elektrizität in der Schweiz. Dampfzug auf der schmalspurigen Albula-Bahn im Banhof Bergün 1964. (Foto: Wismer)

Gotthard-Schnellzug in der Dazio-Grande oberhalb Faido. (Foto: B. Brunner)

Nordportal des Simplon-
Tunnels, des längsten Tunnels der Welt. (Foto: SBB)

Unten: Weitstreckenzug auf der Transsibirischen Eisenbahn der Sowjetunion, aufgenommen am
Flusse Irkut. Die „Transsib" ist eine der bedeutendsten Bahnen der Welt. (Foto: APN)

Zu den berühmtesten Zügen der Welt gehört der „Flying Scotsman", der „Fliegende Schotte",
ein Zug, der London mit Edinburgh verbindet. Oben: Ein Bild aus dem Jahre 1919, aufgenommen bei Hadley Wood. Es führt die Ivatt-„Atlantik" Nr. 1459. Unten: Der gleiche Zug im
Jahre 1964, geführt von einer dieselelektrischen Lokomotive, Bauart Deltic, Type 5.
(Foto: British Railways)

Temperaturen, des großen Wasserandranges sowie der gefährlichen Druckstellen. Am 29. Februar 1880 fand der Durchschlag des Richtstollens statt. Inzwischen wurde auch mit dem Bau der Zufahrtslinie mit ihren zahlreichen Kunstbauten begonnen. Obwohl die vielen Tunnels und Brücken die Ingenieure vor technisch interessante Probleme stellten, begegnete deren Verwirklichung doch keinen besonderen Schwierigkeiten. Am 1. 6. 1882 war die Gotthardlinie zur Aufnahme des durchgehenden Verkehrs fertiggestellt. Deren Gesamtkosten beliefen sich auf 227 Millionen Franken. 310 Menschenleben waren zu beklagen, auch der Bauleiter Louis Favre erlebte die Vollendung des Tunnels nicht mehr. Obwohl noch während des Baus des Gotthardtunnels am Bahnprojekt wesentliche Abstriche vorgenommen werden mußten, ist doch an der großzügigen Linienführung nichts geändert worden. Die ursprünglich in Eisenkonstruktion ausgeführten Brücken sind neuerdings alle durch massive, mit Natursandstein verkleidete Betonbrücken ersetzt worden."

Soweit der Fachmann zum Bau der Gotthardbahn. Wer denkt noch daran, um welche Pionierleistung es sich handelt, wenn er heute mit dem Automobil auf den Verladewagen in Göschenen fährt, um den Weg durch den Berg per Bahn hinter sich zu bringen?

Die Gotthardbahn ist jedoch nur eine der großen Alpenbahnen. Die österreichische Semmering- und Brennerbahn erwähnten wir bereits. Hier kommen noch die Tauern- und die Arlberglinie hinzu, die den Kamm des Gebirges ebenfalls in mächtigen Tunnels durchschneiden. In der Schweiz folgte dann die Bern-Lötschberg-Simplon-Bahn mit dem Lötschberg- und dem Simplontunnel, Bauleistungen, die den anderen in keiner Weise nachstehen. Oder denken wir an Italien mit seiner Apenninüberquerung.

Doch es heißt nun Abschied von unseren Bergbahnen im allgemeinen und der Schwarzwaldbahn im besonderen zu nehmen. Der Lokführer unserer V 200 031 hat schon die Hand am Führerbremsventil, mit leichtem Ruck kommt der Zug zum Stehen.

„Auf Wiedersehen", rufen wir dem Lokführer zu, „und vielen Dank auch für die schöne Fahrt. Gute Reise noch!"

„Danke schön", erwidert er in seiner alemannischen Mundart, „machen Sie's gut! Und fahren Sie mal wieder mit, wenn Sie hier vorbeikommen."

Das ist ein Wort, was wir uns besonders merken werden. Doch nun heißt es aussteigen. Obacht geben, die Leiter zum Führerstand klettert man rückwärts hinunter!

Auf dem Bahnsteig schauen wir uns unseren Zug an, der uns so viel Mühe bei der Fahrt über die Kehren gemacht hat. Überall lehnen die Reisenden aus den Fenstern, es ist ein warmer Tag, wir haben schon 11.25 Uhr. Immer noch 3 Minuten Verspätung. Ob der E 676 davon noch etwas einholt?

Nun, verlassen wir den Bahnhof Villingen, verlassen wir die Schwarzwaldbahn, schließen wir unsere Betrachtung vom Werden des Schienenstranges mit einem Blick in ferne Gegenden ab. Denn eines der gewaltigsten Bahnprojekte der Erde soll nicht unerwähnt bleiben: Der Bau der Transsibirischen Bahn von Moskau bis Wladiwostock, ist sie doch mit 9334 km die längste durchgehend betriebene Bahnstrecke der Welt.

Seit 1855 war Nishni-Nowgorod, das heutige Gorki, der Endpunkt der östlich von Moskau ausgehenden Bahnstrecken. Bald tauchten Projekte auf, weiter mit der Eisenbahn in das Landesinnere vorzustoßen und das riesige Sibirien an das Verkehrsnetz anzuschließen. Die Schwierigkeiten, die dabei bewältigt werden mußten, waren ungeheure. Man scheute nicht nur die klimatischen Bedingungen, die in dem teilweise völlig unwirtlichen und unbewohnten Gebiet auf die Erbauer warteten. Nein, schon die Vermessungsarbeiten glichen einer Expedition in unerforschtes Land. Als man im Jahre 1891 endlich mit dem Bau begann, war es notwendig, zunächst Steinbrüche, Ziegeleien und Sägewerke anzulegen, denn an einen Antransport von Material war bei den zu bewältigenden Entfernungen nicht zu denken. So wurde die Bahn von beiden Endpunkten aus buchstäblich mit eigener Kraft vorangetrieben. Im Jahre 1902, nach elfjähriger Bauzeit, konnte endlich die erste durchgehende Verbindung hergestellt werden. Für eine Reise, die vordem über 3 Monate dauerte, brauchte man jetzt nur noch 12 Tage. Die besonders schwierige Tunnelstrecke am felsigen Südufer des Baikalsees wurde erst 1905 fertiggestellt. Bis dahin mußten die Reisenden mit dem Fährschiff über den See setzen.

Die Transsibirische Eisenbahn ist für Rußland zu einer Lebensader schlechthin geworden. Im Verlauf der Jahre entstanden Zweigbahnen und Parallelstrecken. Heute bewältigen moderne Fernschnellzüge mit komfortablen Weitstreckenwagen die Strecke in einer Woche. Inzwischen ist die Bahn auch elektrifiziert worden, und Maßnahmen, den Verkehr weiter zu beschleunigen, sind im Gange.

Im Laufe von hundert Jahren sind die Eisenbahnen über Kontinente hinweg vorgestoßen, haben unbekannte Länder erschlossen, haben dem Menschen Bahn gebrochen, um seinen Fuß dorthin zu setzen, wo die Schätze dieser Welt lagern, damit er sich die Erde untertan mache. Schienenstränge laufen im hohen Norden, seien es die Ofotenbahn in Norwegen oder die Rijksgränsenbahn in Schweden. Sie laufen über Wüsten hinweg, führen durch Dschungel und über Seen. Sie verlaufen in Australien genauso wie in Indien und Südafrika. Sie überqueren die Anden als höchste Bahnlinie der Welt und fahren im malayischen Dschungel. Mit dem Bau der Eisenbahn hat sich die Menschheit selbst das Tor zu einem besseren und menschenwürdigeren Leben aufgeschlagen.

Es gibt sogar ein Land, das seinen Aufstieg, seine Größe, sein Erwachen als Nation und seinen Aufschwung zur Weltmacht allein der Eisenbahn zu verdanken hat: Die Vereinigten Staaten von Amerika. Nirgendwo ist deshalb der Eisenbahnbau mit ähnlicher — fast möchte man sagen — Wildheit betrieben worden. Drangen die Bahnen vom Osten her noch verhältnismäßig rasch nach Westen vor, so bildeten zunächst Mississippi und Missouri eine natürliche Grenze. Was dahinter begann, wußte eigentlich niemand so recht genau. Fallensteller und Jäger oder kühne Abenteurer waren wohl bereits von Osten nach Westen vor-

Überfälle durch die Indianer waren bei der Pacific-Bahn an der Tagesordnung.

gedrungen und hatten den Pazifik erreicht, wo die blühende Suttersche Gründung in Kalifornien eine magische Anziehungskraft ausübte. Eine direkte und
sichere Handelsverbindung von dort nach dem Osten gab es jedoch nicht. Wer
von San Francisco nach New York wollte, der mußte um das Kap Hoorn
segeln oder den Landweg nehmen. Der Anschluß an den Osten mittels einer
Überlandeisenbahn quer durch den Kontinent wurde zur Lebensfrage. In Kalifornien war es besonders Theodore Judah, der sich mit aller Kraft für den
Bahnbau einsetzte. Zusammen mit einem kleinen Kreis weitschauender Männer
gründete er die „Central Pacific Railroad Company", die alsbald mit den Tras-
sierungsarbeiten von Sacramento aus über die Sierra Nevada Richtung Osten
begann. In die Dinge kam jedoch erst Schwung, als sich der Kongreß ihrer an-
nahm. Amerika befand sich damals im Unionskrieg der Nordstaaten gegen die
Südstaaten. Die Südstaaten hatten den Kongreß verlassen, der Norden sah hingegen im Bau einer transkontinentalen Bahn eine strategische Sicherung und Ver-
stärkung der Bindung zwischen West- und Oststaaten. Nicht zuletzt ging es darum, das kalifornische Gold möglichst schnell nach dem Osten zu bekommen.

Der Kongreß beschloß also im Jahre 1862 den Bau einer Eisenbahn von
Omaha am Missouri aus nach Sacramento. Der Bau sollte von beiden Endpunkten
aus vorangetrieben werden. Jede der beiden Eisenbahngesellschaften — die
bereits erwähnte Central Pacific-Bahn in Sacramento und die Union Pacific
in Omaha — sollte das Eigentum der von ihnen gebauten Strecke behalten.
Die zu bauende Strecke war 2480 km lang. Die Regierung bewilligte 53 Millionen Dollar an Vorschüssen. Der Central Pacific fiel die schwerere Aufgabe zu,
war sie doch zur Überquerung der unwirtlichen Gebirgsmassive gezwungen, wäh-

rend die Union Pacific einen großen Teil ihrer Strecke im Präriegelände verlegen konnte.

Am 8. Januar 1863 begann nun das größte Abenteuer der ganzen Eisenbahngeschichte überhaupt. Der Platz reicht nicht aus, um auch nur im entferntesten das zu schildern, was damals losbrach. Es gibt eigentlich keine — positive und negative — Leidenschaften, die sich bei diesem Unternehmen nicht austobten. Was ist doch alles an Betrug, Unterschlagung, Erpressung, Bestechung, Raub, Diebstahl, Mord, Überfall mit diesem Unternehmen verbunden. Nicht allein, daß das zu überquerende, vorher kaum von einem Weißen betretene Gelände ganz außerordentliche Schwierigkeiten bereitete, nein, es galt auch noch furchtbare Kämpfe mit den Indianern zu bestehen, welche im Bau des Feuerrosses eine unmittelbare Bedrohung — zu Recht übrigens — ihrer Existenz erblickten. Der Häuptling der Sioux-Ogellalah „Langsamer Bulle" hatte am 29. 5. 1865 einen furchtbaren Schwur beim großen Manitu gegen die Eisenbahn abgelegt, der sich verheerend auswirkte. Zudem bestanden die Arbeiter oft aus Horden hergelaufenen Gesindels. An Zahltagen herrschte Mord und Totschlag in den Camps. Fuhlberg-Horst berichtet, daß der Ort Julesburg 1867 Baulager gewesen sei und in jenem Jahr sein Friedhof 74 Gräber gezählt habe, von deren Besitzern nur 3 eines natürlichen Todes gestorben seien. Falschspieler und leichte Mädchen nahmen den Arbeitern mit Windeseile ab, was sie oft unter Lebensgefahr und Einsatz ihrer ganzen Person verdient hatten.

Judah war schon im November 1863 gestorben. Nach ihm hat sich im Westen besonders Charles Crocker als Bauleiter hervorgetan. Die Central Pacific war mehrfach von schweren Sorgen bedroht. Der Bankrott konnte nur mit Mühe abgewendet werden. Es fehlte an Arbeitskräften. Kriegsgefangene Südstaatler wurden eingesetzt, nach deren Entlassung traten Chinesen an ihre Stelle. 1866 war man erst 150 km weit in das Gebirge eingedrungen. Übermenschlich waren mitunter die Anforderungen an Mensch und Tier. Bedenken wir, wie damals vielfach mit einfachen Hilfsmitteln gearbeitet werden mußte. So wird berichtet, daß zum Bau des nur 400 m langen Summit-Tunnels, mit welchem der höchste Punkt der Bahn, 2112 m hoch, überschritten wird, allein 13 Monate notwendig waren. Die außergewöhnlich strengen Winter von 1865 und 1866 taten ein übriges, das Unternehmen an den Rand des Zusammenbruches zu bringen. Erst 1868 kam man wieder voran, nachdem die Union Pacific bereits Utah erreicht hatte. Schließlich artete der Bau in einen regelrechten Wettkampf aus, der erst beigelegt wurde, als Präsident Grant das Baulager Promontory Point in Utah, 10 km westlich von Ogden, als Vereinigungspunkt beider Bahngesellschaften festlegte. Am 10. Mai 1869 fand schließlich das historische Ereignis statt, und Gouverneur Stanford schlug den letzten Schienennagel ein. Die Verbindung zwischen Ost und West war hergestellt.

Der regelmäßige Zugverkehr New York—San Francisco wurde noch im gleichen Jahr aufgenommen. Für die 5289 km brauchten die Züge 8 Tage und 8 Nächte. Der Fahrpreis belief sich auf 197 Dollars zuzüglich 50 Dollars für

Beköstigung und Schlafwagenbenutzung. Geben wir noch einmal Fuhlberg-Horst das Wort mit der Schilderung einer Reise im Jahre 1870 auf der Pazifischen Eisenbahn:

„Alle zwei bis drei Stunden hielt der Zug, damit die Lokomotive Wasser und Kohle übernehmen konnte. Man spazierte draußen ein wenig umher, betrachtete neugierig einige zerlumpte, mit Rot und Gelb beschmierte Indianer, die um einen ‚bit‘ zu betteln pflegten. Dann erscholl der Ruf ‚All aboard‘, und weiter ging die Reise. Dreimal täglich wurde zum Essen gehalten. Schon lange, bevor die Stationen erreicht wurden, drängte man sich auf den offenen Plattformen und auf den Trittbrettern. Noch waren die Räder nicht zur Ruhe gekommen, da sprangen die ersten schon herunter vom Wagen und liefen den großen Bretterbuden zu, hinter deren Planken das dampfende Mahl auf langen Tischen bereitstand. Ob Frühstück, Mittag oder Supper, immer galten als Einheitspreis 75 Cents.

Weil die, sagen wir, sechs Stunden zwischen dem einen oder dem nächsten Essen sich wegen Verspätung des Zuges aber auch auf’s Doppelte ausdehnen konnten, wurde dem Reisenden empfohlen, einen Frühstückskorb mitzunehmen. Gelegentlich soll es vorgekommen sein, daß das Zugpersonal eine kleine Sammlung veranstaltete und bei allzu geringfügigem Ergebnis der Kollekte an der fälligen Eßstation glatt vorbeifuhr. Wer in solchen Fällen keinen Frühstückskorb hatte, war übel dran.

Es konnte auch geschehen, daß unterwegs in Wash-a-kie oder in Sho-shone oder in Winnemucca oder sonst einem vorsintflutlichen Nest ein paar verlauste Goldgräber mit struppigen Bärten und ungewaschenen Hälsen den ‚Palastwagen‘ erkletterten, in aufrichtiger Freude an der gleißenden Pracht ringsumher ein trauliches Gespräch begannen, aber tief beleidigt waren und mit den beiden rechts und links vom Gürtelschloß baumelnden Colts spielten, wenn das städtisch gekleidete Gegenüber den brüderlichen Schluck aus der dargebotenen Whiskyflasche ablehnte oder den frisch abgebissenen Kautabak unbenutzt zurückgab.“

Die Union Pacific-Eisenbahn besteht heute noch, während die Central Pacific an die Southern Pacific-Bahn auf 90 Jahre verpachtet wurde und von letzterer noch immer betrieben wird. An die Stelle der alten Überlandzüge sind heute moderne Diesel-Luxuszüge getreten, aber ihre Zeit ist bereits vorbei. Wer es sich leisten kann, reist mit dem Flugzeug, die Eisenbahn hat in den USA sehr an Attraktion eingebüßt. Die Zeitersparnis durch Benutzung des Flugzeuges ist bei den dortigen Entfernungen so einschneidend, daß die Bahnen wirtschaftlich sehr gelitten haben. Lediglich im Güterverkehr gibt es immer noch gewaltige Lasten zu ziehen.

Weite Welt des Schienenstranges! Ob Schwarzwaldbahn, Transsibirische Bahn, Pacific- oder Ofotenbahn, wie groß ist doch der Bogen, der all diese berühmten Namen umspannt. Wahrlich eine weite Welt, eine Welt für sich, so hart, so grandios und doch wieder so farbig, wie sie kaum sonstwo ihresgleichen hat.

Wunderwerke der Technik

Die Zeiten haben sich geändert.

Sie haben sich in solchem Maße gewandelt, daß heute kaum noch jemand beim Betrachten einer modernen Straßenbrücke daran denkt, daß unser gesamtes Verkehrswesen, der Bau von Überlandstraßen, von Autobahnen, von großen Brücken, von gewaltigen Straßentunnels auf die Eisenbahn und die mit ihr gesammelten Erfahrungen zurückgeht. Erst durch den Entwurf von Eisenbahnbrücken ist man zum Bau von modernen Straßenbrücken gekommen. Die Eisenbahn hat die Hochbautechnik ins Leben gerufen. Erst die Erfahrungen bei der Trassierung des Schienenweges schufen die Voraussetzungen für den modernen Autostraßenbau.

Sind unsere großen Flußbrücken, unsere gewaltigen Tunnelbauten, unsere Talübergänge nicht wahre Bauwunder der Welt?

Ist es nicht ein imponierender Anblick von atemberaubender Spannung, zu sehen, wie von beiden Uferseiten eines Flusses aus die Brückenträger in freiem Vorbau einander entgegengewachsen? Naht schließlich der große Augenblick, wo beide Teile sich treffen und auf den Milimeter genau aufeinander passen, dann atmen Baumeister und Zuschauer erleichtert auf — sofern letztere diese Dinge überhaupt noch als bewundernswert finden. Denn die moderne Technik hat uns durch ihr Überangebot von Leistungen, durch ihre Fülle abgestumpft und gleichgültig gemacht. Wir vermögen ihre Wunder kaum noch zu sehen, wir spüren nichts mehr von dem prickelnden Reiz, der die ersten Ingenieure umgab, als sie sich in das große Abenteuer stürzten. Nein, es muß heute schon dick kommen, es muß schon eine Mondrakete sein oder eine große Katastrophe muß geschehen, wenn wir uns für die Spanne eines kurzen Augenblicks wieder auf den Ursprung der Dinge besinnen sollen.

Dabei hat es in der Geschichte dieser Welt kaum ein größeres und weittragenderes Ereignis gegeben als die Entstehung der Eisenbahnen.

Nun, ein wenig mögen die Zuschauer, die damals der Eröffnung der ersten richtigen Überlandstrecke in Deutschland beiwohnten, die Bedeutung des Augenblickes gespürt haben, wie vorher bereits ihre englischen Nachbarn, als der erste Zug von Manchester nach Liverpool dampfte.

Die Bahn von Leipzig nach Dresden wurde in Teilabschnitten eröffnet, im April 1837 das erste Stück von Leipzig nach Althen. Dichtgedrängt standen die Massen an der Bahn, so berichtet die zeitgenössische Presse, kein lautes Wort fiel, man unterhielt sich nur im Flüsterton, so unerhört und schreckhaft war das Schauspiel, das der erste vorüberdampfende Zug bot. Alle deutschen Zeitungen waren voll des Geschehens, und lange Zeit blieb die Eisenbahn das Gesprächsthema schlechthin.

Die Bahn verläuft ab Leipzig im flachen Land. Beim Dorfe Machern gab es im weiteren Fortgang der Arbeiten ein technisches Weltwunder zu schaffen: der erste Einschnitt in eine Bodenwelle! Der Reisende bemerkt ihn heute kaum

noch, damals zitierte man Fachleute von weit her heran, um die schwierige
Situation in Augenschein zu nehmen. Die größten Bauwerke waren jedoch der
Tunnel bei Oberau und die Elbbrücke in Riesa. Man stelle sich einmal vor: Der
erste deutsche Eisenbahntunnel und die erste deutsche Eisenbahnflußbrücke!

Bei Oberau hatte man für den Tunnelbau Freiberger Bergleute geworben, die
das Bauwerk in fachmännischer Weise in Angriff nahmen, also vier Schächte
abteuften und dort von verschiedenen Seiten aus den Stollen vortrieben. Als der
Bau beendet war, standen die Knappen in ihrem Paradeanzug im Tunnel Spalier,
Fackeln in den Händen, um den ersten hindurchfahrenden Zug zu begrüßen.
Dieser 513 m lange Tunnel — heute ist er längst abgetragen, er lag ja nur unter
einem kleinen Hügel — hat übrigens noch jahrelang für das nötige Gruseln auf
der Eisenbahn gesorgt. Von Damen war er besonders gefürchtet, währte die
Durchfahrt doch fast eine volle Minute und das bei Dunkelheit! Ihnen wurde
empfohlen, eine Stecknadel zwischen die Lippen zu nehmen, um sich gegen mit-
fahrende „Wüstlinge" zu schützen. Ärzte warnten allgemein vor der Tunnel-
fahrt, der plötzliche Luftwechsel könne bei älteren Leuten Schlagfluß verursachen.
Auch befürchtete man, daß Schienen und Schwellen infolge der ungeheuren Reibung so vieler Räder zwangsläufig in Brand geraten müßten.

Aber erst der Bau der Elbebrücke bei Riesa!

Während für die Bauarbeiten der Bahnstrecke Baumeister Karl Theodor Kunz
zuständig war, übernahm der sächsische Landbaumeister Christian Wilhelm
August Königsdörfer Planung, Entwurf, Berechnung und Bauleitung aller drei
zu bauenden Strombrücken, der Muldebrücke bei Wurzen, der Elbebrücke in
Riesa und der Elbebrücke Dresden. Königsdörfer ist der erste deutsche Eisen-
bahnarchitekt gewesen, während Kunz als erster berühmter Bahnbauer unver-
gessen sein sollte.

600 Mann begannen Ende August 1836 mit dem Brückenbau. Pfahlroste wurden in den Strom getrieben und darauf die 11 Pfeiler gegründet und auf Sand-
stein gemauert. Auf den Pfeilern ruhten die hölzernen verdübelten Bogen, wie
denn das ganze Überbauwerk aus Holz bestand. Mit einer Gesamtlänge von
340 Meter war die Brücke damals eine der größten Sehenswürdigkeiten Deutschlands. Am 20. März 1839 wurde sie dem Betrieb übergeben.

Diese erste große Flußbrücke nahm ein trauriges Ende. Am 15. Juni 1866
erklärte Preußen dem sächsischen König als Verbündetem Österreichs den Krieg.
Preußische Truppen setzten sich nach Sachsen in Marsch. Wenige Tage später
erhielten sächsische Pioniere den Auftrag, die Brücke durch Brand unbrauchbar
zu machen. Die auf dem Vormarsch befindlichen preußischen Truppen versuchten
zu retten, was zu retten war, zwei Bögen waren jedoch bereits zerstört. Die
Brücke wurde dann behelfsmäßig wieder instandgesetzt und ab 1872 in Stein mit
eisernen Überbauten ausgeführt.

Nun, es ist schon ein weiter Weg von jener ersten Flußbrücke bis zur großen
Fehmarnsundbrücke des Jahres 1963. Dabei ist der Brückenbau eine alte Wissenschaft, denn selbst zu Urzeiten mußte irgendwie und irgendwann einmal ein

Bächlein mit einem Baumstamm überbrückt werden. Als man aber gelernt hatte, den Stein als Baumaterial zu verwenden und mit Mörtel zu verbinden, entstanden auch bald die ersten steinernen Brücken. Jedermann kennt die hochentwickelte Brückenbaukunst der Römer, stehen doch ihre Aquädukte, die alten Wasserleitungen, die ja nichts anderes sind als gewaltige Talübergänge, noch heute als Zeugen alter Ingenieurkunst im Gelände. Es wundert daher auch nicht, daß — als die Eisenbahn gebieterisch nach Überbrückung der sich ihrer Bahn entgegenstellenden natürlichen Hindernisse verlangte — man bei der Baukunst der Alten anknüpfte und riesige gemauerte Gewölbebrücken aus der Erde erstehen ließ. Die deutschen Eisenbahnen besitzen eine ganze Reihe Zeugen aus der — wörtlich genommen — Steinzeit der Eisenbahngeschichte, deren gewaltigstes Werk die Göltzschtalbrücke bei Reichenbach im Vogtland ist. Mit 578 m Länge und 78 m Höhe ist sie gleichzeitig die größte steinerne Brücke der Welt und nötigt uns selbst heute noch, wo wir gegen Superlative abgestumpft sind, größte Bewunderung ab. In Sachsen steht noch eine Reihe weiterer Denkmäler jener frühen Brückenbautechnik, die Muldentalbrücke, die Elstertalbrücke und wie sie alle heißen.

Heute hat der Beton die Stelle der alten Quaderbauten übernommen. Die Viadukte der Schweizer Alpenbahnen wirken geradezu zierlich gegen jene überdimensionalen Monumente.

Nun ergab sich eine ganz natürliche Grenze in der Verwendung des gemauerten Gewölbes, nämlich dann, wenn ein großer Wasserlauf zu überspannen war, der womöglich wegen der Schiffahrt eine Mindestdurchfahrtsbreite haben mußte. Bei der Riesaer Elbbrücke mochte es noch angehen, wenn man Mauerpfeiler mit hölzernen Überbauten verwandte. In England hatte sich jedoch eine neue Bauweise entwickelt. Dort war die erste gußeiserne Brücke der Welt über den Severn entstanden. Sie wies immerhin eine Spannweite von 30 Metern auf. Dieses wagemutige Beispiel machte Schule. Allenthalben entstanden eiserne Brücken, in Deutschland ging im Jahre 1840 die Badische Staatsbahn voran. Kleinere Brücken ließen sich mit dem neuen Baustoff zweckmäßig ausführen. Während sich Gußeisen wegen seiner Sprödigkeit ganz und gar nicht für größere Brückenbauten eignet, haben sich Straßendurchlässe und Wegeüberführungen aus diesem Baustoff relativ lange gehalten. So ist eine um 1845 erbaute gußeiserne Bogenbrücke bei Bad Kösen von 6,4 m Spannweite erst um 1910 ersetzt worden.

Die Festigkeit von Gußeisen ist gering. Man versuchte, das Material durch Guß in Röhrenform und durch Zuhilfenahme von Seilen und Ketten zu verstärken. In günstigen Fällen mochte das angehen. Bei großen Vorhaben führte

Brücken und Tunnels, Wunderwerke des Schienenstranges! Blick aus dem Tunnel auf die Streckenführung bei Pünderich an der Moselbahn. (Foto: Palm)

Bis in die dreißiger Jahre hinein gab es auf dem Rhein noch Schiffbrücken.

es zwangsläufig zur Katastrophe, wie jener so tragische Einsturz der Brücke über den Firth of Tay in Schottland, auf den wir an anderer Stelle noch einmal zurückkommen werden.

Der Brückenbau kam daher erst richtig in Form, als die Herstellung größerer Brückenteile aus Schweißeisen gelang. Damit begann die große Zeit der Gitterträgerbrücke, der großen Brückentunnel, durch welche die Züge dampften. Eine der ältesten Brücken aus Schweißeisen ist die 1857 gebaute Weichselbrücke bei Dirschau, zugleich eine der größten — damals noch deutschen — Brückenbauten und eine frühe Pionierleistung der Technik. Bedenken wir, daß diese Riesenbrücke 6 Öffnungen von je 131 m Stützweite besitzt, daß also die Strombrücke bereits 786 m lang ist, so können wir nur mit ganz gehörigem Respekt von den Brückenbauern des Jahres 1857 sprechen.

Nicht überall führte man jedoch solch geniale Konstruktionen aus. Wo die Schwierigkeiten zu groß waren oder das Geld mangelte, behalf man sich mit der Schiffbrücke, der guten alten Pontonbrücke des militärischen Handwerks. Eine Anzahl Pontons, also eiserner Kähne, wurde parallel zueinander quer über die ganze Breite des Flusses verankert, man verband sie mit Seilen und Balken zu einer festen Einheit, legte Bohlen und schließlich das Gleis darüber, fertig war die Brücke einfachster Konstruktion.

Der mittlere Teil einer derartigen Schiffsbrücke wurde gewöhnlich beweglich gehalten, man konnte also ein Stück herausfahren, um für die Schiffahrt einen Durchlaß zu schaffen, natürlich nicht gerade, wenn ein Zug darüberfuhr. Die letzte deutsche Eisenbahn-Schiffbrücke hat sich in Karlsruhe-Maxau bis zum Jahre 1938 erhalten, erst damals bekam Karlsruhe seine große Rheinbrücke, die dann dem zweiten Weltkrieg zum Opfer fiel.

Das war eine amüsante Geschichte, der Betrieb auf jenen alten Schiffbrücken. Sie waren ja nun nicht so stabil, daß etwa eine mächtige Schnellzuglokomotive hätte darüberbrausen können. In Gegenteil, die große Lokomotive wurde im Bahnhof vor der Brücke abgehängt. Dann kam ein winziges Knirpschen von Lokomotive davor — die badischen und Pfälzer Bahnen hatten zu diesem Zweck besonders leichte Tenderlokomotiven gebaut, sogenannte Schiffbrückenlokomotiven. Das Maschinchen zuckelte nun mit seinem Zug — viele Wagen durften es eh nicht sein — im gemütlichen Fußgängertempo den Berg hinunter zum Fluß, wackelte schön behutsam und gemütlich über die Brücke, wobei die Pontons immer ein Stückchen ins Wasser sanken, wenn der Zug darüberholperte. Das war eine lustige Angelegenheit. Natürlich durfte nicht gerade ein Schiff kommen. Nein, hier hatte die Eisenbahn auf dem Wasser Vorfahrt. Am anderen Ufer angekommen, schnaufte das Feuerrößlein kräftig die Uferböschung hinauf, um den Zug anschließend an eine andere große hochnäsige Schwester abzugeben.

Ja, das waren noch Zeiten. Damals hatten die Leute noch ihren Spaß an jener lustigen Schienen-Wasserreise.

Leider war die Fahrt dann nicht mehr lustig, wenn es Hochwasser gab oder im Winter Eisgang herrschte. Der Betrieb wurde oft sehr behindert, und so ging man daran, wo es immer möglich war, jene Schiffbrücken durch feste Bauwerke zu ersetzen.

Die sechziger, siebziger Jahre des vorigen Jahrhunderts waren übrigens eine Zeit der Hochkonjunktur im Brückenbau. Nicht allein, daß man die alten hölzernen Brücken der Frühzeit durch solide Konstruktionen ersetzte. Nein, die Eisenbahnen waren damals noch in gewaltigem Aufschwung begriffen, man brauchte vor den Flüssen nicht mehr haltzumachen. Und Flüsse und Täler gab es leider allzu viele, nicht nur in Deutschland, sondern in der ganzen Welt.

In den Jahren 1855/57 wurde bereits die erste Rheinbrücke zwischen Köln und Deutz über den Rhein geschlagen, die Vorgängerin der heute allgemein bekannten Hohenzollernbrücke. Das war noch eine Gitterträgerbrücke, genau wie die Dirschauer Brücke, und ebenfalls aus Schweißeisen hergestellt.

Leider weist auch das Schweißeisen Mängel auf. Seine Festigkeit erstreckt sich nur auf die Walzrichtung, in der Querrichtung läßt es Wünsche offen. Nach 1890 verdrängte daher das Flußeisen gänzlich das Schweißeisen, bietet es doch die wünschenswerte Festigkeit nach beiden Richtungen.

Flußeisen setzte nun den Brückenbauern keine Grenzen mehr. Eine der bedeutendsten ersten flußeisernen Brücken steht heute noch und versetzt jeden Betrachter in Staunen und Ehrfurcht: Die Müngstener Brücke zwischen Solingen und

Die längsten Eisenbahnbrücken

Donaubrücke bei Cernavoda, Rumänien	3850 m
Brücke über den Sambesi (Sena)	3677 m
Lagunenbrücke Venedig	3601 m
Brücke über den Firth of Tay, Schottland	3560 m
Storströmbrücke, Dänemark	3300 m
Brücke über den Hoangho, Tsinan	3247 m
Godawaribrücke, Indien	2772 m
Brücke über den St. Lorenzstrom, Montreal	2637 m
Brücke über den Firth of Forth, Schottland	2466 m
Hochbrücke bei Rendsburg, Deutschland	2454 m
Ohiobrücke in Cairo, Illinois, USA	2319 m

Bedeutende deutsche Eisenbahnbrücken

Angeführt sind Name, letztes Bau- oder Erneuerungsjahr vor dem 2. Weltkrieg, Länge, Baustoff, bei Talübergängen größte Höhe

		Länge m	Baustoff	Höhe m
Nord-Ostsee-Kanal Hochbrücke Rendsburg	1913	2454	Flußeisen	42
Nord-Ostsee-Kanal Hochbrücke Hochdonn	1919	2218	Flußeisen	42
Rheinbrücke Wesel	1927	1950	St 48	
Rheinbrücke Mainz Süd	1860/1912	1050	Flußeisen	
Elbebrücke Wittenberge	1909/10	1030	Flußeisen	
Weichselbrücke Graudenz	1876/79	1023	Flußeisen	
Fehmarnsundbrücke	1960/63	963	Beton	
Rheinbrücke Worms	1898/1900	961	Flußeisen	
Rheinbrücke Duisburg-Hochfeld	1925/27	933	St 48	
Rheinbrücke Duisburg-Ruhrort	1910/12	910	Flußeisen	
Rheinbrücke Düsseldorf	1910/12	829	Flußeisen	
Elbebrücke Hämerten	1923/26	820	St 48	
Weichselbrücke Dirschau	1857	786	Schweißeisen	
Neckarbrücke Stuttgart-Münster	1896/1904	675	Flußeisen	30
Elbebrücke Magdeburg	1872/1907	675	Flußeisen	
Süderelbe Hamburg	1922	618	Flußeisen	
Weserbrücke Bremen-Dreye	1927	604	Siliciumstahl	
Rheinbrücke Engers	1916/18	585	Flußeisen	
Göltzschtalbrücke Reichenbach	1846/51	578	Granit/Ziegel	78
Rheinbrücke Köln Süd	1906/10	561	Flußeisen	
Strelasundbrücke Rügen	1936	540	St 48	

		Länge m	Baustoff	Höhe m
Elbebrücke Lauenburg	1878	500	Flußeisen	
Wupperbrücke Müngsten	1894/97	485	Flußeisen	107
Viadukt Altenbeken	1851/53	485	Granit	35
Neißebrücke Görlitz	1844/47	472	Granit	45
Boddenbrücke Bresewitz	1910	468	Flußeisen	
Elbebrücke Magdeburg-Biederitz	1925	460	St 48	
Oderbrücke Frankfurt/Oder	1899/1926	450	St 48	
Weserbrücke Wehrden	1926/27	425	St 48	
Muldentalbrücke Göhren	1870/71	425	Sandstein	68
Boberviadukt Bunzlau	1844/46	420	Sandstein	26
Rheinbrücke Köln Hbf	1907/10	414	Flußeisen	
Rheinbrücke Ludwigshafen	1865/68/1932	398	St 52	
Elbebrücke Riesa	1877/78	350	Schweißeisen	
Talbrücke Bielefeld	1913/17	350	Beton	22
Emsbrücke Wehner	1924/26	335	St 48	
Neckarbrücke Bad Cannstatt	1911	323	Beton	13
Rheinbrücke Germersheim	1875/78	318	Schweißeisen	
Norderelbe Hamburg	1926/27	304	St 48	
Talbrücke Willingen	1916/17	293	Beton	32
Mainbrücke Hochheim	1904	292	Flußeisen	
Nistertalviadukt Erbach/Westerw.	1909/10	292	Beton	32
Enzviadukt Bietigheim	1854	286	Stein	36
Viadukt in Aachen	1838/40	280	Ziegelstein	
Elstertalbrücke Jocketa	1846/51	279	Granit	68
Moselbrücke Eller	1927	277	St 48	
Isartalbrücke Großhesselohe	1857/1909	268	Flußeisen	30
Moselbrücke Güls	1926	262	St 48	
Innbrücke Königswarth	1874/76	261	Schweißeisen	
Talviadukt Marnheim	1874/76	260	Schweißeisen	28
Göckeritztalbrücke Grünhein/Erzgeb.	1899/1900	245	Flußeisen	25
Hochbrücke Mittweida-Markersbach	1888	240	Schweißeisen	38
Remstalviadukt Neustadt	1876	240	Flußeisen	
Ostoder Stettin	1926	225	St 48	
Talbrücke Westerburg	1906	225	Flußeisen	35
Ravennabrücke Höllental	1926/27	224	Granit	40
Lautertalbrücke Freudenstadt	1886	212	Schweißeisen	43
Heiligenborntal Waldheim	1852	211		41
Dietenmühlental Waldheim	1846/52	210	Ziegel	49
Westoder Stettin	1926/27	204	St 48	

Weitere bedeutende Bauwerke sind die Elbebrücke bei Wittenberg, die Rheinbrücken bei Breisach, Maxau und Kehl, die Peenebrücke bei Karnin u. v. a. m.

Remscheid über dem Tal der Wupper. In 107 m Höhe überspannt hier der Mittelbogen mit 170 m Stützweite das Tal. Die ganze Brücke ist 485 m lang und das bedeutendste Bauwerk seiner Gattung in Deutschland. Die Müngstener Brücke erinnert an die kühnen amerikanischen Konstruktionen, die in schwindelnder Höhe den Rio Grande oder den Rio Pecos oder die großen Canyons überspannen.

Nach der Jahrhundertwende ging man daran, die Rheinbrücken mit neuen und verstärkten Überbauten zu versehen, wobei man gewöhnlich die alten Pfeiler weiter verwendete. Vor dem ersten Weltkrieg wurde mit dem Bau der beiden Riesenbrücken über den damals neu angelegten Kaiser-Wilhelm-Kanal, der die Nordsee mit der Ostsee verbindet, ein vorläufiger Höhepunkt erreicht. Über 2 km sind die beiden Hochbrücken bei Rendsburg und Hochdonn lang, die in der schwindelerregenden Höhe von 42 m den Zug über den Kanal führen. Die Höhe war deshalb erforderlich, um auch großen Seeschiffen mit ihren hohen Masten eine ungefährliche Durchfahrt zu ermöglichen. Beide Brücken sind bisher unübertroffen geblieben, sie sind die weitaus längsten deutschen Brücken überhaupt.

Die Rheinbrücken bei Mainz, Worms und Duisburg, die Elbebrücken bei Wittenberge und Hämerten stellen weiterhin stolze Zeugnisse deutscher Ingenieurskunst dar. Unsere Zusammenstellung auf den Seiten 63 und 64 gibt Auskunft, was an großen Brücken im Gebiet der deutschen Eisenbahnen sehenswert ist. Damals begann man auch, bei der Überquerung von Meeresarmen oder Flußmündungen — wollte man nicht eine Hochbrücke nach Art der über den Kaiser-Wilhelm-Kanal wählen — Klapp- und Hubbrücken zu bauen. Bei der Klappbrücke ist der die Schiffahrtsrinne überspannende Teil beweglich. Angetrieben durch Zahnräder über ein Zahnsegment und durch ein mächtiges Gegengewicht stabil gehalten, klappt das schwenkbar gelagerte Mittelstück im rechten Winkel in die Höhe, den Seeschiffen ungehinderte Durchfahrt gewährend. Mitunter schwenken auch die Mittelteile von beiden Seiten aus nach oben. Schließlich gibt es auch Drehbrücken. In diesem Falle wird das mittlere Brückenstück auf einem Drehzapfen gelagert und schwenkt einfach von der Quer- in die Längsrichtung, nunmehr zu beiden Seiten den Schiffen Durchlaß gewährend. Natürlich ist die Baulänge bei solchen Klapp- und Drehbrücken begrenzt. In schwierigen Fällen bleibt also doch nur der Weg der Hochbrücke übrig.

Vereinzelt hat man auch Hubbrücken gebaut. Bekannt ist die Hubbrücke bei Karnin über den Peenestrom, 1932/34 erbaut. Die beiden mittleren Überbauten — für jedes Gleis getrennt — konnten nach oben angehoben werden. Hierzu war natürlich ein riesiger Überbau erforderlich, der mit starken Motoren die an Seilen hängenden Träger anhob. Immerhin, so ging es auch, und die Peenebrücke war schon ein prächtiges Bauwerk.

Heute baut man auch die Eisenbahnbrücke nicht mehr aus Flußeisen. Seit etwa 1924 wird Stahl verwandt, zuerst der Stahl mit der Kurzbezeichnung St 48, ein sehr fester Baustahl. Seit 1927 machte man Versuche mit Silicumstahl, um dann schließlich durch einen Zusatz von Mangan den sowohl geschmeidigen als auch hochfesten Baustahl St 52 zu gewinnen, aus dem auch heute noch die Brücken gebaut werden.

Die Stahlbauweise ist, wo immer möglich, durch die Betonbauweise verdrängt worden. Straßenuberführungen werden häufig aus Spannbeton ausgeführt. Selbst vor größeren Flußbrücken aus diesem Baustoff schreckt man heute nicht mehr zurück. Talübergänge geringer Spannweite werden schon seit Jahrzehnten aus Beton hergestellt und oft mit Quadersteinen verblendet.

So ist die Geschichte der Eisenbahn zugleich die Geschichte des Brückenbaus. Dabei sind die Anforderungen, die hier an die Technik gestellt werden, enorm. Man bedenke, riesige Lasten von Lokomotiven und Wagen müssen mit hoher Geschwindigkeit und dabei praktisch erschütterungs- und schwingungsfrei über das zu überquerende Gelände geführt werden. Dabei sind die Lasten, die hier pro Meter getragen werden müssen, ständig gestiegen. Um nun nicht alle paar Jahre neue und verstärkte Brücken bauen zu müssen, hat man die Lasten standardisiert. Brücken werden heute für ein Vielfaches der gegenwärtigen Lasten ausgelegt, und die Belastung pro Meter kann gut und gern 14 Tonnen betragen.

Das modernste Bauwerk seiner Art auf deutschen Bahnen ist die Brücke über den Fehmarnsund, 1960/63 gebaut. Hier wird ein 1350 m breiter Meeresarm im Zuge der sogenannten Vogelfluglinie mittels einer 963 m langen Brücke überspannt, deren besonderer Höhepunkt der 240 m breite Bogen über die Schifffahrtsöffnung ist. Die Durchfahrtshöhe dieses Mittelteils beträgt 23 m, während der Bogen sich bis auf 70 m aufwölbt. Die Fehmarnsundbrücke ist daher mit Recht eine Art Wahrzeichen moderner Brückenbautechnik geworden, verkörpert sie doch nicht nur die neuzeitlichen technischen Möglichkeiten, nein, ihr Anblick genügt auch hohen ästhetischen Ansprüchen und zeigt, wie auch der schöpferische Ingenieur in seiner Art ein Künstler von hohen Graden sein kann.

Wieviel bemerkenswerte Brückenbauwerke gibt es doch! Vor dem zweiten Weltkrieg sollen es in Deutschland allein 42 000 stählerne und 22 100 steinerne Eisenbahnbrücken gewesen sein. Darunter sowohl die gewaltige Elbebrücke bei Hämerten als auch die Brücke über die Knatter oder die Wietschke oder den Saugraben bei Klein Kleckersdorf.

Brücken sind immer eine positives Element der Landschaft. Sie sind etwas Verbindendes, etwas getrennte Dinge Vereinendes. Den Brücken kommt so auch symbolische Bedeutung zu. Ja, Brücken erfüllen hohe geschichtliche und wirtschaftliche Aufgaben, deshalb gibt es sie auch in überdimensionaler Ausführung wie etwa die größte Brücke der Welt, die Donaubrücke bei Cernavoda oder die mächtige Storströmbrücke, welche zwei dänische Landesteile verbindet und hier zur Lebensnotwendigkeit wird. Diese positive Eigenschaft ist vielleicht das schönste an den Brücken. Sie sollten uns Symbol sein, wo immer möglich im Leben Brücken zu schlagen und das Verbindende, nicht das Trennende zu suchen. Wieviel glücklicher, wieviel reicher wäre die gesamte Menschheit, hätte man sich zu allen Zeiten auf die Brücke zwischen den Völkern besonnen. —

Aber nicht nur Flüsse und Täler erwiesen sich als übles Hindernis für den Bau der Eisenbahnen. Nein, sehr zum Ärger aller Bahnbauer hat der Schöpfer auch alle möglichen Hügel und Berge immer gerade an Stellen gepflanzt, wo sie dem Bahnbauer im Wege waren und ihm sein ohnehin sorgenvolles Handwerk noch mehr erschwerten.

Es wundert uns also nicht, wenn jene alten Strategen sich hier mit Anstand aus der Affäre zogen und lieber die Bahnstrecken um das Hindernis herumführten als darüber hinweg oder gar mitten hindurch.

Nun, wir hörten bereits, daß die Leipzig-Dresdener Bahnbauer mit ihrem Oberauer Tunnel gehörigen Mut bewiesen haben. Freilich, heute lachen wir darüber, denn der Gipfel des dort durchfahrenen gewaltigen Berges lag nur 13 m über der Tunneldecke. Im Jahre 1934 hat man ihn also mit Recht aufgeschlitzt. Immerhin, es war der erste deutsche Eisenbahntunnel.

Nun, auch im Tunnelbau war Stephenson wie auf allen Gebieten des Eisenbahnwesens bahnbrechend vorangegangen, besaß doch bereits die 1826/29 erbaute Liverpool-Manchester-Eisenbahn ihren Tunnel. Ältester Eisenbahntunnel der Welt soll allerdings der 900 m lange, durch den Hay-Hügel in Wales führende Bullo-Tunnel sein, 1809 bereits in Betrieb genommen.

Tunnelbauten sind überhaupt nicht so neu, wie man fürs erste glauben möchte. Schon die alten Griechen — nein, die waren es diesmal nicht. Aber dafür bauten die Babylonier unter Nebukadnezar bereits einen Stollen unter dem Euphrat hindurch. Auch was sich in den ägyptischen Pyramiden alles an Höhlen, Gängen und Tunnels befand, verdient ganz entschieden unseren Respekt. Die bereits erwähnten römischen Wasserleitungen führten nicht nur über Täler hinweg, sie mußten auch im Wege stehende Felsen und Hügel überwinden, wenn es nicht anders ging, dann eben mit Hilfe des Tunnels. Und in den Bergwerken ist seit dem späten Mittelalter der Tunnelbau sowieso gang und gäbe, zuerst mit Hilfe von Schlägel und Eisen, den alten Bergmannswahrzeichen, dann unter Zuhilfenahme von Schwarzpulver.

Richtig in Gang kam der Tunnelbau aber erst mit der Eisenbahn.

Wir hörten, daß Bergleute den ersten deutschen Eisenbahntunnel bei Oberau gebaut haben. Das nimmt nicht wunder, bedenkt man, daß es sich hier um eine rein bergwerkstechnische Angelegenheit handelt. So ging man auch von Anfang an nach Bergbauprinzipien vor, legte zuerst einen Richtstollen an, trieb diesen möglichst von beiden Seiten vor, teufte, wo es erforderlich war, von oben noch einen Schacht ab, um möglichst von mehreren Seiten dem Berge zu Leibe rücken zu können. Durch den Richtstollen ließ sich bereits von der Baustelle im Innern des Berges das Gestein heraustransportieren. Der Richtstollen wurde dann auf das volle Tunnelprofil ausgeweitet. In den ersten Jahren, als man sich mit Hammer und Meißel noch sehr schwer tat, gab es mitunter eine Methode, die uns heute recht merkwürdig vorkommen will: das Feuersetzen. Das Gestein wurde mit Feuer erhitzt und dann mit kaltem Wasser abgeschreckt, so lange, bis es der Prozedur müde geworden war und abzubröckeln begann.

Auch hier war wieder die Eisenbahn der große Initiator, der die Technik beflügelte, neue und bessere Methoden zu erfinden. Brauchte man für den Oberauer Tunnel und seine 512 m Länge mit Hammer und Meißel noch 3 Jahre, wobei durchschnittlich täglich 380, in Spitzenzeiten bis zu 700 Arbeiter beschäftigt waren, vereinzelt mit langsamen Handbohrmaschinen ausgerüstet, so ging es schon kräftiger voran, als die durch Preßluft oder Wasserdruck angetriebenen Stoßbohrmaschinen aufkamen. Ja, sie mußten aber erst einmal erfunden werden! Während man auch die Tunnels der Semmeringbahn noch mit viel Ach und Weh aus dem Felsen hämmerte, wurden im Jahre 1857 beim Bau des Mont Cenis-Tunnels erstmals die neuen Bohrmaschinen eingesetzt. Der Mont Cenis-Tunnel war übrigens für die damaligen Verhältnisse ein riesiges Unterfangen, bei dem man sich ganz entschieden übernommen hatte, eilte sein Bau doch den technischen Möglichkeiten weit voraus. 14 Jahre, von 1857 bis 1871 hat man an diesem 10 200 m langen Bauwerk gearbeitet, ehe die Eisenbahn von Turin bis Lyon unter dem Bergmassiv hindurchfahren konnte. Insofern ist der Mont Cenis-Tunnel sozusagen die technische Versuchsanstalt des Tunnelbaus gewesen, kam hier doch auch erstmals die neue Erfindung des Schweden Nobel, Dynamit geheißen, zur erfolgreichen Anwendung.

So ist man eigentlich erst nach 1870 weit genug, den Tunnelbau mit den nötigen technischen Hilfsmitteln rationell in Angriff nehmen zu können. Tunnelbohrungen waren inzwischen mehr als dringend geworden, stellten sich doch die Alpen jeder Ausdehnung des Verkehrs in Nord-Süd-Richtung als unüberwindliches Hindernis entgegen.

So begann 1872 der Bau des Gotthard-Tunnels. 10 Jahre vergingen bis zur Fertigstellung dieses 15 km langen Bauwerkes. Für den 10 km langen Arlbergtunnel, der 1880 begonnen wurde, benötigte man nur 4 Jahre Bauzeit. 1898 schließlich wurde der Simplontunnel in Angriff genommen, mit 19,8 km Länge noch immer das größte Tunnelbauwerk der Welt.

Der Bau des Gotthardtunnels und des Simplontunnels sind Werke, über deren Entstehen wir uns heute keine rechte Vorstellung mehr machen. Furchtbare Kämpfe galt es mit den Naturgewalten zu bestehen. Hitze, Wasser, Gesteinsbrüche mußten überwunden werden, und groß ist die Zahl der verunglückten Arbeiter. Mehr als einmal war man an der Grenze der physischen Leistungsfähigkeit angelangt, mehr als einmal glaubte man, das Riesenwerk nie bezwingen zu können. Das Buch von Bernhard Kellermann „Der Tunnel" gibt — obwohl als utopischer Roman angelegt — viel von der Stimmung wieder, die über dem Bau eines solchen Unternehmens liegt. Die Bohrmaschinen, die beim Bau des Simplontunnels verwendet wurden, sind der Nachwelt erhalten geblieben und stehen heute im Deutschen Museum in München. 3800 Arbeiter waren durchschnittlich am Simplon beschäftigt. Der Reisende, der heute, bequem in die Polster

Rechts: Fernschnellzug „Gambrinus" der DB verläßt den Tunnel bei Lengerich, Strecke Osnabrück—Münster. (Foto: Rotthowe)

Oben: Größte steinerne Brücke der Welt: Die Göltzschtalbrücke bei Reichenbach im Vogtland. (Foto: Graf)

Unten: Wegen ihrer wild-romantischen Lage weltbekannt: Die Trisannabrücke der Arlbergbahn in Österreich. (Foto: ÖBB)

Eine der größten Brücken der Welt: Brücke über den Firth of Forth in Schottland.
(Foto: British Railways)

Viadukt über die „Kalte Rinne" im Verlauf der Semmeringbahn in Österreich
mit Dieseltriebzug 5045/6545. (Foto: Seng)

Bildreportage vor hundert Jahren: Das Eisenbahnunglück auf einer Brücke bei Birmingham in Alabama. (Foto: Bechtold-Kuriosa)

Die längsten Eisenbahntunnel

Simplon-Tunnel, Schweiz, erste Röhre 1898—1906	19 803 m
zweite Röhre 1922	19 825 m
Appenin-Tunnel, Italien, 1921—30	18 510 m
St. Gotthard-Tunnel, Schweiz, 1872—82	14 998 m
Lötschberg-Tunnel, Schweiz, 1906—12	14 612 m
Mont Cenis-Tunnel, Frankreich, 1857—71	12 849 m
New Cascade-Tunnel, USA, 1926—29	12 550 m
Arlberg-Tunnel, Österreich, 1880—84	10 250 m
Moffat-Tunnel, USA, 1923—30	9 820 m
Shimizu-Tunnel, Japan, 1922—30	9 550 m
Rimutaka-Tunnel, Neuseeland, 1955	8 791 m
Ricken-Tunnel, Schweiz, 1904—10	8 603 m
Tauern-Tunnel, Österreich, 1901—09	8 600 m
Otiva-Tunnel, Neuseeland, 1920	8 580 m
Grenchenberg-Tunnel, Schweiz, 1910—15	8 565 m
Transandin-Tunnel, Chile	8 100 m
Connaught-Tunnel, Kanada, 1916	8 050 m
Karawanken-Tunnel, Österreich, 1906	7 976 m
Severn-Tunnel, England, 1886	7 262 m
Pyrenäen-Tunnel, Spanien	7 260 m

Große deutsche Eisenbahntunnel

Zugspitztunnel, Riffelriß—Schneefernerhaus, eingleisig	4400 m
Kaiser-Wilhelm-Tunnel, Cochem—Eller, zweigleisig	4203 m
Schlüchterner Tunnel, Schlüchtern—Flieden, zweigleisig	3575 m
Fahrnauer-Tunnel, Schopfheim—Hasel, eingleisig	3169 m
Krähberg-Tunnel, Schöllenbach—Hetzbach, eingleisig	3100 m
Brandleite-Tunnel, Gehlberg—Oberhof, zwei-, jetzt eingleisig	3040 m
Rudersdorfer-Tunnel, Rudersdorf—Dillbrecht, zweigleisig	2652 m
Königstuhl-Tunnel, Heidelbg.-Karlstor—Heidelbg.-Hbf, zweigleisig	2487 m
Goldberg-Tunnel, Hagen-Hbf.—Hagen-Oberhagen, zweigleisig	2230 m
Großer Stockhalde-Tunnel, Weizen—Fützen, eingleisig	1700 m
Sommerauer Tunnel, Nußbach—Sommerau, zweigleisig	1698 m
Rehberg-Tunnel, Langeland—Altenbeken, zweigleisig	1631 m
Hochdorfer Tunnel, Gündringen—Hochdorf, eingleisig	1553 m
Bischofferoder Tunnel, Spangenberg—Burghofen, eingleisig	1503 m
Elleringhausener Tunnel, Elleringhausen—Brilon Wald, zweigleisig	1394 m
Heiligenberg-Tunnel, Kaiserslautern—Hochspeyer, zweigleisig	1347 m
Hasselborner Tunnel, Grävenwiesbach—Brandoberndorf, eingleisig	1310 m

Heinsberger Tunnel, Heinsberg—Birkelbach, eingleisig	1302 m
Tunnel bei Wilsecker, Kyllburg—Erdorf, zweigleisig	1266 m
Kehrtunnel Weiler, Weizen—Fützen, eingleisig	1205 m
Frau-Nauses-Tunnel, Höchst—Wiebelsbach-Heubach, eingleisig	1205 m
Milseburg-Tunnel, Bieberstein—Milseburg, eingleisig	1172 m
Rabenscheider Tunnel, Rabenscheid—Breitenscheid, eingleisig	1113 m
Sterbfritzer Tunnel, Sterbfritz—Jossa, zweigleisig	1093 m
Hoffnungsthaler Tunnel, Overath—Hoffnungsthal, eingleisig	1067 m
Frieda-Tunnel, Schwebda—Geismar, zweigleisig	1066 m
Marienthaler Tunnel, Obererbach—Breitscheid, eingleisig	1050 m

gelehnt, diese Riesenwerke durchfährt, sollte daran denken, wieviel Blut und Schweiß an diesen Mauern klebt.

Auch die deutschen Eisenbahnen besitzen zahlreiche Tunnels. 1938 werden für das damalige Reichsgebiet 602 genannt. 1960 waren es im Gebiet der Deutschen Bundesbahn immer noch 534 Stück, obwohl einige inzwischen aufgeschlitzt wurden, wie beispielsweise 1955 der 1600 m lange Königsdorfer Tunnel an der Strecke Köln—Aachen, an dessen Stelle der Zug heute durch einen bis zu 40 m tiefen Einschnitt fährt. Man macht, wo es immer angeht, von der Möglichkeit des Aufschlitzens Gebrauch, ist doch die Unterhaltung eines Tunnels oft eine kostspielige Angelegenheit, zumal nicht alle Bauwerke von gleicher Widerstandsfähigkeit sind. Oft macht das Wasser dem Mauerwerk zu schaffen. Oder es hat sich gezeigt, daß das seinerzeit gewählte Material den Angriffen der Rauchgase nicht standhielt. Manche Tunnels weisen außergewöhnlich schlechte Lüftungsverhältnisse auf. Der zweitgrößte deutsche Tunnel bei Schlüchtern wurde deshalb von Anfang an mit einer Reihe schachtähnlicher Entlüftungseinrichtungen versehen. Sehr schlecht sind die Wetterverhältnisse im größten deutschen Hauptbahntunnel, im Kaiser-Wilhelm-Tunnel bei Cochem. Hier müssen große Ventilatoren während der Durchfahrt eines Zuges für die nötige Entlüftung sorgen. Gleiche Maßnahmen waren beim Heidelberger Königstuhltunnel notwendig. Einer der aufwendigsten Tunnels war früher der Mainzer Festungstunnel, der Mainz Hauptbahnhof und Mainz Süd verbindet und dessen Bau erforderlich war, um die ehemals wichtigen Festungswerke zu unterfahren. Da der gesamte Zugverkehr der linken Rheinstrecke durch diesen Tunnel führt, lag beständig eine Dampfwolke in der Tunnelröhre, griff das Mauerwerk an und bewirkte eine schnelle Fäulnis der Schwellen, die meist schon nach ganz kurzer Liegezeit erneuert werden mußten. Normalerweise entlüftet sich ein Tunnel selbst, indem der einfahrende Zug die Luftmauer vor sich her schiebt und die Saugwirkung am Schluß des letzten Wagens für das Eindringen frischer Luft sorgt. Das funktioniert aber nur dort, wo mit größerer Geschwindigkeit gefahren werden kann. Puffen wie im Falle Mainz von beiden Seiten die aus Bahnhöfen ausfahrenden Züge in den Tunnel hinein, so kommt alsbald der Zeitpunkt, wo die im Tunnel festsitzenden Schwaden weder nach vorn noch nach hinten abziehen. Erst das Aufschlitzen des Mittelteils des Mainzer Tunnels schuf Abhilfe, mehr noch die Elektrifizierung und der Wegfall jedes Lokomotiv-Abdampfes. Insofern wird die Verlegung des elektrischen Fahrdrahtes wohl von niemandem mehr als dem Tunnelbauer begrüßt.

Einer der gefährlichsten Tunnels war der Arlbergtunnel zu Zeiten des Dampf-betriebes. Infolge seiner großen Länge funktionierte seine Belüftung so schlecht, daß Dampf und Rauchgase in der Mitte überhaupt nicht mehr abzogen. Es hatte sich ein sogenannter „Pfropf" gebildet, durch welchen der Zug hindurchfahren mußte. Die Lokomotivmannschaft konnte dieses Stück nur passieren, indem sie sich feuchte Tücher vor Mund und Nase preßte, um nicht von den giftigen Gasen erstickt zu werden. Mehrere schwere Unfälle hat es hier gegeben, die Einführung des elektrischen Betriebes auf der Arlbergbahn war ein Segen.

Die Verlegung elektrischer Fahrleitungen in den alten Tunnels macht den Ingenieuren heute Kopfzerbrechen. Meist sind sie nicht hoch genug, um den Draht mit unterzubringen. Man hilft sich durch Absenken der Gleise. Wo das nicht geht, muß wohl oder übel ein zweiter Tunnel daneben gebaut werden und beim ersten statt zwei nur ein Gleis in Tunnelmitte verlegt werden. Große Mühe macht auch das Abdichten der Tunnelwandungen gegen Nässe. Wir wissen, daß Wasser der größte Feind des elektrischen Stromes ist. Aber auch die noch mit Dampf befahrenen Tunnelstrecken erfordern viel Sorgfalt. Leicht kann sich morsches Gestein von der Decke lösen. Ständige Untersuchungen sind notwendig, brüchiges Mauerwerk wird mittels Betonplomben wieder haltbar gemacht.

Merkwürdig, ein Tunnel hat immer etwas Faszinierendes an sich. Es ist schon ein merkwürdig prickelndes Gefühl, wenn man erstmals durch die schwarze Röhre hindurchschreitet. Mag der Tag draußen noch so heiß sein, ein Hauch von Grabeskälte schlägt einem beim Betreten des Tunnelmundes entgegen. Die Schritte hallen gespenstisch laut von allen Seiten wider, irgendwo hört man Wasser rinnen. Bleibt man stehen, dann lastet die Stille fast erdrückend auf einem. Der Gedanke, wieviel Tonnen Gestein über dem Bauwerk lasten mögen, verliert nur durch den Blick auf das dicke Mauergewölbe seine Beängstigung. Kommt gar ein Zug angerollt, muß man in eine der in Abständen angebrachten Nischen treten und ihn vorüberlassen, dann bricht ein Donnergetöse herein, als sei der Weltuntergang nahe und alles müsse zusammenbrechen. Selbstverständlich weiß man, daß nichts passieren kann, daß in Deutschland noch nie ein Tunnel während des Betriebes eingestürzt ist, aber der Gedanke, es könnte doch — ist zu prickelnd, als daß man ihn einfach abschütteln möchte. So atmet der Wan-derer erst einmal kräftig auf, wenn er das Portal erreicht hat und der warme, sonnige Tag vor ihm liegt. Es ist schon ein eigen Ding um die Tunnelatmosphäre, um diesen eigenartigen Geruch, der so schwer zu beschreiben ist, ohne den aber die Eisenbahn keine Eisenbahn wäre.

Auch heute baut man noch Tunnels. Erst um 1930 ist der zweitgrößte europä-ische Tunnel, der Apennintunnel entstanden. Vor kurzer Zeit wurde im Zuge der

Verlegung der Bahnstrecke an der Biggetalsperre ein neuer Tunnel gegraben. 1960 erhielt der Loreleytunnel eine zweite Röhre, um den elektrischen Fahrdraht unterbringen zu können. Riesige Vorhaben sind als Straßentunnel im Gange oder bereits fertiggestellt, denken wir an den St. Bernhard-Tunnel oder gar an das nun schon seit Jahrzehnten diskutierte Vorhaben, eine Verbindung zwischen England und Frankreich unter dem Ärmelkanal zu schaffen, das bisher jedesmal am Widerstand des Militärs gescheitert ist.

So oder so, Tunnelbauten sind immer Spitzenleistungen der Technik, sie gehören zu den Wundern der Eisenbahnzeit, und ihre Größe und ihre Bedeutung rechtfertigen, daß wir mit der entsprechenden Achtung ihrer Erbauer gedenken. Vergessen wir auch nicht, welcher mathematischen Berechnungsarbeit es bedarf, daß sich die beiden an den Mündungen vorgetriebenen Stollen auch tatsächlich in der Mitte treffen. Menschlicher Geist und menschlicher Fortschrittswille haben sich in den großen Tunnelbauten für alle Zeiten ein würdiges Denkmal gesetzt.

Wunderwerke der Technik haben wir dieses Kapitel genannt. Es ist fast ein Kapitel ohne Ende. Es sind ja nicht nur die Brücken oder Tunnelbauten, die im Gefolge der Eisenbahn entstanden sind, nein, es gibt so unendlich viele Besonderheiten, so viele, viele Dinge, die unsere Bewunderung und Achtung verdienen, daß wir mit ihrer Aufzählung allein ein ganzes Buch füllen könnten. Denken wir einmal daran, daß vielfach ein Fluß oder Meeresarm auf einem Damm überquert werden mußte, so der Hindenburgdamm, der das Festland mit der Insel Sylt verbindet, oder der Damm über den großen Salzsee in den USA. Denken wir an den Bodenseedamm, über den wir den Hauptbahnhof Lindau erreichen oder den so wichtigen Rügendamm bei Stralsund.

Zum Eisenbahnwesen gehören auch die Trajektfähren, die dort einsetzen, wo der Bau einer Brücke nicht mehr möglich ist. Sie verbinden im Zuge der Vogelfluglinie Deutschland mit Dänemark, sie verbinden Dänemark mit Schweden, Schweden mit Finnland, England mit Frankreich und viele andere Länder. Allein das japanische Inselreich erfordert eine Vielzahl von Fährverbindungen. Ganze Eisenbahnzüge verschwinden in den Bäuchen dieser großen Schiffe, von denen auf der Vogelfluglinie die „Theodor Heuß" und die „Kong Frederik" die schönsten und größten sind. Den technischen Möglichkeiten sind kaum Grenzen gesetzt.

Zu den großen Bauwerken des Eisenbahnbetriebes gehören nicht zuletzt auch die Bauten, die der Reisende zuerst zu Gesicht bekommt, will er die Eisenbahn benutzen — die Bahnhöfe.

Auch hier ist es ein weiter Weg von den altertümlichen, so herrlich romantisch verschnörkelten Säulenhallen unserer ersten Bahnhöfe bis zu den riesigen Stahlkonstruktionen des Münchener oder Leipziger Hauptbahnhofes oder zu den in ihrer modernen Linienführung so bestechenden Betonbauten der Bahnhöfe in Bochum, Braunschweig oder Heidelberg. Glas und Beton sind an Stelle der alten rußgeschwärzten Hallen getreten. Licht und Luft umgeben heute auch die Anfangs- und Endstationen unserer Reise. Die deutschen Bahnen besitzen eine

Auch unsere Bahnhöfe sind kleine Wunderwerke der Technik.

große Zahl prächtiger Bahnhofsbauten, deren imposantester noch immer der Leipziger Hauptbahnhof ist, eine der größten Bahnhofsanlagen der Welt überhaupt. Um dem Reisenden zu einer Zeit, als es noch keine Autos gab, kurze Anmarschwege zu ermöglichen, wollte man die Bahnen möglichst weit in den Kern der Städte einführen und schuf daher Kopfbahnhöfe trotz der Behinderung, die der Bahnbetrieb hierbei leidet. Leipzig, Frankfurt, München, Stuttgart, Kassel, Wiesbaden, Ludwigshafen und vor allem die früheren Berliner Bahnhöfe sind bekannte Zeugen dieser Bauepoche. Betriebsgünstiger liegen natürlich Durchgangsbahnhöfe. Hier müssen Hamburg und Köln an erster Stelle genannt werden. Aber auch Bremen, Hannover, Nürnberg, Essen, Düsseldorf sind große und bedeutende Bahnhofsanlagen. Bei den meisten Durchgangsbahnhöfen liegt das Empfangsgebäude an der dem Stadtzentrum zugewandten Seite. Manchmal finden sich auch Kopfbahnhof und Durchgangsbahnhof kombiniert, das Empfangsgebäude liegt dann quer zur Bahnsteigrichtung wie in Dresden oder steht im Winkel wie in Essen und Chemnitz. Auch Inselbahnhöfe gibt es dort, wo Strecken verschiedener Richtungen kreuzen, bedeutende Bauwerke dieser Art sind die Bahnhöfe von Halle und Magdeburg. Eine richtiggehende Wissenschaft hat sich aus der Anlage der Bahnhöfe gebildet und irgendwie ist es sogar interessant, unsere Bahnhöfe systematisch zu erforschen.

Was gibt es so vieles über das Eisenbahnwesen zu berichten. Denken wir auch einmal an die großen Verschiebebahnhöfe, an die Zugbildungs- und Trennungsbahnhöfe, wo eine verwirrende Vielfalt von Gleisen durch-, neben- und übereinander herläuft, wo sich die Gleise wie ein Spinnennetz verzweigen, gewaltige Gleisharfen lange Reihen von Güterzügen aufnehmen oder abfertigen. Über

Ablaufberge werden die Züge getrennt und wieder gebildet, Tausende von Güterwagen werden tagtäglich von einem Zug auf den anderen umgestellt. Wer weiß übrigens, daß im Jahre 1846 erstmals ein Zug im natürlichen Gefälle des Gleises getrennt worden ist, daß damals also der Ablaufberg erfunden wurde? So geschehen im Bahnhof Dresden-Friedrichstadt, einem der größten deutschen Rangierbahnhöfe. Man weiß nicht recht, ob unsere Verschiebebahnhöfe nun Wunderwerke des Eisenbahnbaus oder des Betriebes darstellen. Nennen wir einige besonders einprägsame und große Anlagen: Hohenbudberg, Gremberg, Osterfeld Süd, Kirchweyhe, Hamm, Wanne-Eickel, Seelze, Magdeburg-Rothensee, Wustermark, Tempelhof, Halle, Leipzig-Engelsdorf, Chemnitz-Hilbersdorf, Bebra, Nürnberg Rgbf, Mainz-Bischofsheim, Mannheim Rgbf, Kornwestheim und wie sie alle immer heißen mögen.

Die Betriebseinrichtungen haben oftmals kleine Wunderwerke der Technik zu bieten, seien es einmal in architektonischer Hinsicht Lokschuppen, Wassertürme, Kräne, Hebeeinrichtungen, Drehscheiben, Schiebebühnen, Prüfstände oder seien es Gebäude im Dienste des Fahrgastes, Auskunftspavillons, Ausstellungsobjekte usw.

So fahren Tausende von Zügen täglich in aller Welt, rasen über Brücken, donnern durch kilometerlange Tunnels, brausen über Berg und Tal, durch Wüste und Urwald, über verdorrte Steppe und fieberdünstende Sümpfe. Tausende von Zügen bringen täglich Millionen von Menschen von Ort zu Ort, bringen Millionen Tonnen von Gütern über die ganze Welt, sie sind die Blutkörperchen unseres Wirtschaftslebens, sie sind der Herzschlag unserer Zivilisation, unserer Kultur, unseres Lebens, das ohne die Eisenbahn kaum noch denkbar wäre.

Wunderwerk der Technik — — Eisenbahn!

Vom rollenden Material

„Achtung, Bahnsteig 2, in Gleis vier hat jetzt Einfahrt der Fernschnellzug ‚Rheingold' nach Basel über Mannheim—Karlsruhe. Bitte Vorsicht am Bahnsteig und zurücktreten!"

Wie oft haben wir diese oder eine ähnliche Ansage über den bekannten Lautsprecher gehört, voll froher Erwartung auf die bevorstehende Reise oder auch mit Gleichgültigkeit, weil vielleicht Sorge oder Kummer die Freude am Reisen überschattete. Dutzende von Augenpaaren blicken in die Richtung, aus welcher der erwartete Zug kommen muß. Und richtig — dort kommt er angerollt. Man nimmt sein Gepäck auf, um möglichst rasch eine der Wagentüren zu attackieren, und ist im übrigen von dem wohlbekannten Eisenbahnfieber gepackt, über das die Karikaturisten schon vor 100 Jahren ihre Späße gemacht haben. Wenn sich dann die Lokomotive an den Bahnsteig schiebt, ist der Reiseantritt packende Wirklichkeit geworden.

Kaum steht der Zug, werden auch schon die Wagentüren aufgerissen, und der heraus- und hereinwogende Strom drängt sich an den Plattformen. Bei einem so renommierten Zuge wie dem „Rheingold" geht das zwar etwas gedämpfter zu, desto lebhafter und ungezwungener benehmen sich die Fahrgäste an einem Lokalpersonenzug, zumal wenn eine Rotte Schüler nach Schluß des vormittäglichen Unterrichts den Zug stürmt.

Nun, das war nicht immer so. Es ist interessant, einmal in eine alte Vorschrift zu schauen und zu untersuchen, wie man denn früher gereist sein mag. Da lesen wir jedoch zu unserer Überraschung im Handbuch des Eisenbahnwesens von 1875:

„Den Passagieren zu überlassen, sich ihre Plätze nach Belieben zu wählen, das würde sich wohl auf einer kürzeren wenig frequenten Strecke ausführen lassen, nicht aber auf jenen Linien, welche bei großer Ausdehnung einen lebhaften Personenverkehr haben und namentlich nicht dort, wo außer einem starken Zwischen- und Durchgangsverkehr von und zu den angrenzenden Bahnen noch eine starke Benützung der einzelnen Personenzüge im Localverkehr von Station zu Station stattfindet. Das Zugpersonal würde alle Übersicht und Kontrolle verlieren, ein Öffnen und Wiederschließen sämtlicher Wagentüren würde unvermeidlich sein, da die Conducteure die Reiseziele aller einzelnen Passagiere nicht im Gedächtnis behalten können. Dadurch würde der Aufenthalt an allen einzelnen Stationen verlängert."

Sehr viel Intelligenz hat also die hochwohllöbliche Eisenbahnverwaltung damals ihren Fahrgästen nicht zugetraut. Vielleicht ging es auch im Zeichen des Obrigkeitsstaates nicht anders. Die Zeit, wo alles mögliche befohlen wurde und der brave Bürger einfach zu gehorchen hatte, liegt noch gar nicht zu fern.

Heute ist der Zug kaum im Bahnsteig angekommen, da fordert die Stimme des Sprechers im Lautsprecher bereits zum Schließen der Türen auf. Der Aufsichtsbeamte mit der roten Mütze erscheint, der Zugführer hebt den Arm zum Zeichen, daß der Zug abfahrbereit ist, ein Wink mit dem Befehlsstab, schon greift der Lokführer in das Schaltrad seiner E 10, die Schaltstufen knallen und wenige Sekunden darauf ist der Zug bereits wieder in der Ferne verschwunden. Der Bahnsteig liegt still und ruhig da, bis sich die Fahrgäste für den nächsten Zug allmählich einfinden.

Nun, blättern wir noch ein wenig in einer der alten Vorschriften von 1875. Manches, was wir dort lesen, dürfte zur Erheiterung beitragen, manches dürfte uns heute aber auch recht merkwürdig vorkommen.

Damals gab es, in der Reihenfolge ihrer Bedeutung geordnet:

1. Eil- (Courier- und Schnell-) Züge, davon
   a. Courierzüge, welche nur an bedeutenderen Stationen,
   b. Schnellzüge, welche auch an anderen Zwischenstationen anhalten.
2. Postzüge zur Beförderung von Personen, Post, Gepäck und Eilgut,
3. Localpersonenzüge (nur mit II., III. und IV. Klasse),
4. gemischte Züge (mit allen Klassen),
5. Militärzüge, nach den Anforderungen der Militärbehörden eingerichtet,

6. Güterzüge mit Personenbeförderung (III. und IV. Klasse),

7. Güterzüge ohne Personenbeförderung,

8. Ergänzungs-Güterzüge

Die Extrazüge werden speziell angeordnet und gelten für dieselben besondere Bestimmungen. —

Die Bestimmungen für das Personal waren streng. Es gab vielerlei Funktionen unter den Eisenbahnern. Da finden wir an wichtigen Dienstgraden:

Für den Dienst auf den Zügen

die Oberconducteure (Oberschaffner, Zugführer),

die Conducteure oder Schaffner,

die Bremser,

die Packmeister,

das mit der Revision und dem Ölen der Wagen beauftragte Personal,

die Wagenputzer,

die Locomotivführer und Feuerleute, sowie deren Lehrlinge.

Für den Dienst auf den Stationen

die Stationsvorstände, Inspectoren und Aufseher etc.,

die Schirrmeister,

die Billeteurs,

die Expedienten des Passagiergepäcks,

die Gepäckträger,

die Kofferträger,

die Arbeiter auf der Station.

Es gab damals genau wie heute vielerlei zu verrichten, und das Personal der Eisenbahnen war gehörig beschäftigt. So war angeordnet:

„Bevor ein Zug die Station verläßt, ist derselbe sorgfältig zu revidieren und besonders darauf zu achten, daß die Wagen regelmäßig zusammengekuppelt, die Sicherheitsketten vorschriftsmäßig eingehangen, die Verbindung zwischen den Schaffnersitzen und der Dampfpfeife hergestellt, jeder Wagen gleichmäßig belastet, die nötigen Fahrsignale und Laternen angebracht, die Bremsen vorschriftsmäßig verteilt und die Wagen ebenso in ihrer Stellung geordnet sind. Diese Revision ist bei jeder Veränderung des Zuges, so oft der Aufenthalt gestattet, zu wiederholen."

Der arme Reisende, der das Pech hatte, nicht rechtzeitig vor Abfahrt des Zuges am Bahnhof zu sein, war geradezu verraten und verkauft. Er bekam die ganze Strenge der Dienstvorschriften zu spüren:

„Nachdem das Abfahrtszeichen durch die Dampfpfeife der Locomotive gegeben, kann Niemand mehr zur Mitreise zugelassen werden. Jeder Versuch zum Einsteigen und jede Hilfeleistung dazu, nachdem die Wagen in Bewegung gesetzt sind, ist verboten und strafbar. Dem Reisenden, welcher die Abfahrtszeit versäumt hat, steht ein Anspruch weder auf Rückerstattung des Fahrgeldes, noch auf irgend eine andere Entschädigung zu."

Geschieht ihm ganz recht, dem Bazi, bestraft gehört er noch, wenn er nicht

Der Maffeische Ingenieur Christian Hering, der sich in der Freizeit und im Ruhestand erfolgreich als Maler betätigte, hat den Transport der „Donaustauf" von der Hirschau zum Zentralbahnhof im Bilde festgehalten. Die Leopoldstraße, die vom Siegestor zum Dorf Schwabing führte, war 1880 noch ungepflastert und zum größten Teil unbebaut. (Bild: Krauss-Maffei)

rechtzeitig am Bahnhof erscheint! Ja, es herrschten strenge Bräuche bei unseren Großeltern, und die Reihe der Kuriositäten ließe sich noch beliebig fortsetzen. Wie viel leichter und selbstverständlicher reist es sich doch heute. Und gerade ein Blick in die Vergangenheit zeigt uns, wie weit der Weg von jenen alten Staats- oder Privatbahnen bis zu unseren heutigen modernen Schnellverkehrszügen ist. Aus den dampfspeienden und rauchschwarzen Lokomotiven sind blitzsaubere Elektro- und Dieselmaschinen geworden. Die offenen klapprigen Holzwägelchen sind modernen Ganzstahlwagen gewichen, die noch dazu mit einer nichtrostenden Verkleidung versehen sind.

Noch bis vor wenigen Jahren stellte die Dampflokomotive den Hauptanteil der Triebfahrzeuge auf den meisten Bahnen der Welt. Lediglich in den USA war ihr Stern schon seit dem 2. Weltkrieg im Sinken begriffen. Daran waren allerdings weniger Mangel an Leistungsfähigkeit schuld — denken wir daran, wie sie es dort zu außergewöhnlichen Abmessungen gebracht haben und Lokomotiven von 6000 und 7000 PS Leistung auf vielen Bahnen im Einsatz waren. Es war mehr der Sieg der Ölkonzerne und der Manager des Ölgeschäftes, denen sich die großen Motorenwerke und Elektrofirmen anschlossen. Solange die Kohle billig und die Löhne niedrig waren, hatte die Dampflokomotive ihre volle wirtschaftliche Berechtigung. In dem Umfang jedoch, wie die Ölpreise künstlich niedrig gehalten wurden, änderte sich das Verhältnis.

Die Dampflokomotive hat sich seit den Tagen Stephensons kaum gewandelt, so sehr man auch bemüht war, ihren Wirkungsgrad, also ihre Energieausnutzung, zu verbessern. Erfindung günstigerer Dampfsteuerungssysteme, Erfindung der Verbundmaschine, Entdeckung der Vorzüge der Dampfüberhitzung und schließlich die Versuche um die Verarbeitung höherer Dampfdrücke, das sind die Meilensteine in der Entwicklung des Feuerrosses *). Die Dampflokomotiven der Gegenwart sind hochgezüchtete, leistungsfähige Fahrzeuge, die sich durchaus sehen lassen können und auch wirtschaftlich ein Optimum des technisch Möglichen darstellen.

Als Werner von Siemens auf der Berliner Gewerbeausstellung 1879 den erstaunten Zeitgenossen die erste elektrische Lokomotive vorführte und bald darauf die Elektrizität ihren Siegeszug durch die ganze Welt antrat, da hat schon mancher das Ende der Dampflokomotive kommen sehen. Nun, es mußte immerhin noch ein halbes Jahrhundert vergehen, ehe man die Elektrifizierung in großem Stil betreiben konnte. Heute findet der elektrische Betrieb überall dort seine vorteilhafte Anwendung, wo starker Verkehr unter ungünstigen Geländeverhältnissen bewältigt werden muß und die Vorzüge des Elektromotors, sein starkes Anzugsvermögen und seine kurzzeitige hohe Überlastbarkeit, zur vorteilhaften Anwendung kommen können. Es wundert uns daher nicht, wenn sich zuerst die Alpenbahnen die Vorzüge des Stromes, der dort noch dazu billig aus den reich-

*) Einzelheiten bitten wir aus den im gleichen Verlag erschienenen Büchern „Geliebte Dampflok" und „Giganten der Schiene" zu entnehmen.

lich zur Verfügung stehenden Wasserkräften erzeugt werden konnte, zunutze machten.

Es ist immer wieder erstaunlich zu hören, daß bereits im Jahre 1904 zwei elektrische Triebwagen auf der Versuchsstrecke Marienfelde—Zossen Geschwindigkeiten von über 200 km/h erreicht haben. Schuld daran, daß sich die Elektrizität erst in unserer Zeit richtig durchsetzen konnte, ist eigentlich das Militär. Die Kriegsexperten glaubten, daß im Falle von Auseinandersetzungen eine elektrische Bahnstrecke allzu leicht außer Betrieb zu setzen wäre.

Heute ist der Strukturwandel in der Zugförderung, wie man diese Vorgänge gern nennt, schon seit über zehn Jahren in vollem Gange. Neue Dampflokomotiven werden längst nicht mehr gebaut. Dieselmaschine und Elektrolok bestimmen das Bild des zuküñftigen Eisenbahnbetriebes, wobei auch der Triebwagen noch ein gewichtiges Wort mitzureden hat, sei es nun mit Elektromotor oder Verbrennungsmaschine. Es ist ja allgemein bekannt, daß schon in den dreißiger Jahren die dieselelektrischen Schnelltriebwagen der Deutschen Reichsbahn hohe Geschwindigkeiten erreicht haben und in Fahrplänen Dienst verrichteten, die sich auch mit den heutigen vergleichen lassen. Auf dem Gebiet des Triebwagenbaus hat die Deutsche Reichsbahn damals wesentliche Pionierarbeit geleistet, und die Entwicklung der Diesellokomotive knüpft auf den deutschen Bahnen an die Erfahrungen beim Triebwagenbau und den Umgang mit schnellaufenden Dieselmotoren an.

Ein weiter Weg ist es aber auch von den kleinen klappernden Wägelchen der ersten Eisenbahnen bis zum Domcar des Rheingold-Expreßzuges oder den blitzenden Stahlwagen beispielsweise des „Mistral", jenes berühmten Schnellzuges, der Paris mit Nizza verbindet.

Mit den Wagen hat es eine recht eigenartige Bewandtnis, und es lohnt sich, ein paar Worte darauf zu verschwenden. Wir nehmen sie gewöhnlich als Selbstverständlichkeit hin, ohne uns über ihre Entstehungsgeschichte Gedanken zu machen.

Nun, Probleme gab es zunächst nicht. Man war die liebe Postkutsche gewöhnt, die den geplagten Reisenden über die holprigen Straßen schaukelte. Was lag also näher, eine Postkutsche einfach auf die Schienen zu stellen? Zumal auf den ersten Bahnen sowieso das Pferd gängiges Zugmittel war. Daher unterschieden sich die Wagen der ersten europäischen Eisenbahnen, also der Pferde-Eisenbahn (bitte nicht mit einer Pferde-Straßenbahn zu verwechseln!) Linz—Budweis und ihrer Schwester von Prag nach Lana, nur dadurch von dem gleichnamigen Straßenvehikel, daß sie Spurkranzräder mit eisernen Reifen besaßen.

Als nun der erste Dampfwagen über die zerbrechlichen Schienen rumpelte, nun, da hing man eben eine Postkutsche an oder stellte sie auf eine einfache Plattform mit Rädern.

Jetzt wird es interessant: Die Postkutsche auf Schienen leitet unmittelbar zum späteren Abteilwagen über. Denn ein Abteilwagen ist ja nichts anderes als die Aneinanderreihung von lauter einzelnen Postkutschenkabinen. Coupéwagen nannte man diese Bauart zu Anfang, sie ist als „englisches System" auf zweiachsigem Fahrgestell und als „deutsches System" auf dreiachsigem Fahrgestell bis weit in die Jahrhundertwende hinein gängig gewesen. Man hat sich sogar darum gestritten, welches „System" denn nun der Weisheit letzter Schluß bedeutete. Das um so mehr, als schon bald System Nummer drei in Europa auftauchte: Der sogenannte Interkommunikationswagen.

Hier hat Amerika Pate gestanden. Dort war die Postkutsche wenig gebräuchlich. An ihrer Stelle reiste man mit dem Planwagen oder mit dem Schiff. Denken wir nur an Mark Twain und all das, was er uns in so interessanter Weise von dem Leben auf den Flüssen erzählt hat. Das Schiff besitzt aber eine große Kajüte mit einer Tür an jedem Ende. Nichts lag näher, als diese Kajüte auch auf die Schienen zu stellen und vor der Tür eine kleine Plattform anzubringen. Fertig war der Wagen des „amerikanischen Systems", das frühzeitig in Europa auftauchte. Die Württemberger waren damals (und sicher auch heute noch) besonders weitblickend, denn ihr tüchtiger Eisenbahn-Berater, Ludwig von Klein, erkannte sogleich die Vorteile dieser Bauart, so daß Württemberg noch in die siebziger Jahre hinein — bis zur Berufung eines Maschinenmeisters aus Norddeutschland — seine Lokomotiven und Wagen nach amerikanischem Muster baute. Die Wagen waren vierachsig und besaßen Drehgestelle. Die spätere Umrüstung erscheint uns heute als bitterer Rückschritt, wenn damals natürlich auch andere Gründe maßgebend gewesen sein mögen.

Es ist wenig bekannt, daß man sich auch jahrzehntelang um die Art der Kupplung zwischen Zug und Wagen gestritten hat. Denn mit den Amerikanerwagen kam ja auch die Mittelpufferkupplung, das heißt also, daß die Kuppeleisen federnd gelagert waren und durch entsprechende Formgebung als Puffer dienten. Die Gegenpartei zog die beiden seitlichen Puffer und die mittlere Kupplungskette vor. Nun, erst um 1870 kam man zu einer Einigung und zur Einführung des bekannten Systems. Und heute? Heute ärgern sich alle Experten, daß es damals nicht bei der Mittelpufferkupplung geblieben ist, denn nach den Beschlüssen aller europäischen Eisenbahnverwaltungen soll sie nach und nach bei den Bahnen wieder eingeführt werden. Aus der anfänglich primitiven Form, die häufig zu Störungen führte, hat sich in den USA und anderen Ländern längst eine brauchbare, vollautomatische Einrichtung entwickelt, die wesentliche Vorteile bietet. Vor allem braucht der Rangierer nicht mehr unter die Wagen zu krabbeln, die Kupplungen schließen sich von selbst.

Groß sind die Gegensätze, das erkennt man erst rückschauend, zwischen den Stehwagen alter Bauart, wo das „Volk" verreisen durfte, vierter und fünfter Klasse natürlich, bis zum heutigen Pullman-Car. Und eine Reise des Nachts — huh — galt anno dazumal wirklich als Strapaze. Übrigens, wer kann sich noch vorstellen, welche Sensation es bedeutete, als erstmals „Nachtzüge" in Betrieb kamen. Nachtzüge? Unmöglich!

Nun, primitiv genug waren sie schon, diese Nachtzüge. In Decken gehüllt, frierend und durcheinander gerüttelt, saßen die Fahrgäste in ihren Ecken wie die Kaninchen in ihrem Stalle.

Die Cumberland-Valley-Bahn in Amerika hat übrigens schon Ende der dreißiger Jahre des vorigen Jahrhunderts versucht, Schlafkojen in ihren Wagen einzurichten. Die waren aber auch danach, es gab kein WC, Waschschüsseln waren mitzubringen, und wer bei dem damaligen Gedonner und Gepolter der Fahrt schlafen konnte, war zu beneiden.

Nein, als der George Mortimer Pullman täglich mit der Bahn fahren mußte, weil er nämlich in Alboin, New Jersey, wohnte, aber am Eriesee Häuser baute, da platzte ihm allmählich der Kragen. Er nahm all sein gespartes Geld zusammen, baute aus zwei alten Coupékutschen einen Versuchswagen mit zwei richtigen Schlafabteilen, richtete in der Mitte einen Waschraum mit WC ein, bezog alles hübsch mit Plüsch, sorgte für Heizung und Beleuchtung und geboren war eine epochemachende Erfindung des ganzen Eisenbahnwesens: Der nach seinem Erfinder genannte Pullmanwagen.

Dessen nicht genug, schon 1859 ging Pullman daran, einen richtigen komfortablen Reise- und Schlafwagen auf Räder zu stellen. Wir meinen fast, damals sei die Gegenwart des Eisenbahnwesens angebrochen.

In Europa hat es natürlich immer eine geraume Zeit gedauert, bis sich solche neuen Erfindungen durchgesetzt haben. 1870 liefen die ersten beiden deutschen D-Zugwagen bei der Hessischen Ludwigsbahn. Sie stellten einen Kompromiß zwischen dem englischen und amerikanischen System dar und sind von dem bekannten Eisenbahningenieur Heusinger von Waldegg entworfen worden. Die nebeneinander gesetzten Abteile eines Wagens wurden so verkleinert, daß noch Platz für einen separaten Seitengang blieb, von dem aus man jedes Abteil für sich erreichen konnte: Der scharfsinnige Leser hat sofort erraten, daß diese Form bis heute erhalten geblieben ist und unser moderner 26-m-Wagen nichts weiter ist als ein Enkel jener ersten beiden D-Zugwagen.

1878 stellte Preußen sogenannte „Normalien", also einheitliche Richtlinien für den Wagenbau auf. Merkwürdigerweise sahen diese den Abteilwagen für die Schnellzüge und den Durchgangswagen für die Lokalzüge vor. So ändern sich die Zeiten, heute sind wir genau umgekehrter Meinung.

Entscheidend ist das Jahr 1892, in welchem der erste Zug aus richtigen D-Zugwagen bestehend zwischen Berlin und Köln in Betrieb genommen wurde. Neu an diesen Wagen waren die Drehgestelle, der Seitengang und die Faltenbälge an den Übergängen. 1876 war die Internationale Schlafwagengesellschaft (für den Betrieb von Schlaf- und Speisewagen) gegründet worden, sie nahm alsbald auf der Strecke Berlin—Bebra ihren ersten Speisewagen in Betrieb. Man reiste also bereits vor der Jahrhundertwende nicht ohne Komfort. Die Wagen aus jener Zeit sind noch heute mitunter als Bahndienstwagen, meist in Bauzügen, anzutreffen.

Eine ganze Reihe von Jahren gab es in einigen Ländern sogar Doppelstockwagen, wie sie in jüngster Zeit bei der mitteldeutschen Reichsbahn wieder in Mode gekommen sind.

Die D-Zugwagen des ersten Jahrzehnts unseres glorreichen Jahrhunderts waren respektable Fahrzeuge, zum Teil schon sechsachsig, besonders die schweren Schlaf- und Speisewagen. Mancherlei hat sich jedoch geändert. Aus den alten Holzwagen wurden Ganzstahlwagen. Beträchtliche Pionierarbeit wurde mit den C 4i Eilzugwagen der dreißiger Jahre für den Waggonbau geleistet. Der Stahlwagen bietet den Fahrgästen eine ungleich größere Sicherheit bei Unfällen, wie in der Praxis beobachtet werden konnte.

Während der Reichsbahnzeit entstanden auch im Personenzugwagenbau Einheitsformen, so der bekannte und verbreitete C i-Plattformwagen, dem sich für die damalige zweite Klasse die berüchtigte „Donnerbüchse" anschloß, ein sehr zum Dröhnen neigender Wagen mit geschlossener Plattform.

Heute gehört allein dem Vierachser die Zukunft, und es sieht so aus, als habe die Deutsche Bundesbahn mit dem neuen B 4 n-Wagen das Modell des nächsten Jahrzehnts gefunden, nachdem man sich Mitte der fünfziger Jahre mit dem Umbau der alten Abteilwagen recht gut geholfen hat. Die Umbauwagen sind noch in großer Stückzahl in Betrieb und haben sich auch — trotz mancher Vereinfachungen — recht gut bewährt.

Ganz Vorzügliches wurde in der Entwicklung neuer D-Zugwagen nach dem zweiten Weltkrieg geleistet. Verschmälerung des Wagenprofils durch Sitzteilung in nur 3 Plätze je Bank ließ zusammen mit einer viel größeren Wagenlänge von 26,4 m ein Fahrzeug entstehen, das allen Anforderungen hinsichtlich Bequemlichkeit der Reisenden, Geräuscharmut und Laufruhe gerecht wird. Die neuen Drehgestelle der Bauart Minden-Deutz haben sich ganz ausgezeichnet bewährt und sind selbst hohen Geschwindigkeiten gewachsen. Die Entwicklung dieser neuen Wagen war Voraussetzung für den Einsatz schnellerer und komfortabler Fernschnellzüge, wie sie heute als Netz ganz Europa in einer nie dagewesenen internationalen Dichte umspannen.

Das Kapitel Eisenbahnwagen ist genauso vielgestaltig wie das der Maschinen. Es wäre wert, einmal in allen seinen Einzelheiten behandelt zu werden, denn die Ausbildung jedes einzelnen Teiles, und sei es selbst des bekannten Kabüffchens mit der Fensterscheibe aus Mattglas hat seine Geschichte. Neben dem Personenwagen spielt nämlich auch der Güterwagen eine erhebliche Rolle. Das erste Frachtgut auf deutschen Bahnen sollen zwei Fäßlein Bier gewesen sein, die von Nürnberg nach Fürth im Jahre 1835 transportiert wurden. Zwischen diesem allerersten Frachtgut und unseren heutigen großen Tank- und Kesselwagen liegt mancherlei an Entwicklung, manch Gutes und manch weniger Gutes.

Das weniger Gute soll gleich zu Anfang besprochen werden. Es tritt unmittelbar ins Auge, vergleicht man die großen vierachsigen amerikanischen Güterwagen mit den kleinen Rumpelwägelchen, die teilweise noch immer auf europäischen Bahnen zu sehen sind. Gewiß, mit den kleinen Wagen konnte man dem Bierhuber-Bauern in Hintertupfingen seine neue Pflugschar selbst an den Güterschuppen der Kleinbahn bringen. Denkt man aber an den Transport von Massengütern, der jahrzehntelang in solch kleinen Vehikeln vorgenommen wurde, so wird deutlich, wie hier die Bestimmungen der Bau- und Betriebsordnung sich manchmal als rechtes Hindernis erwiesen, ganz besonders in England, wo ein viel zu enges Lichtraumprofil *) die Ausbildung leistungsfähiger Wagen behinderte. Erst die letzten Jahrzehnte haben einen sichtbaren Wandel gebracht, und auch die Entwicklung des Güterwagens ist in den hiesigen Verhältnissen angemessenen Rahmen gekommen.

Wie entscheidend das Lichtraumprofil, also die Umgrenzungslinien für Eisenbahnfahrzeuge sind, mag daraus hervorgehen, daß beispielsweise in Südafrika auf der Kapspur (1067 mm) heute die gleichen Fahrzeugleistungen wie auf der europäischen Normalspur hervorgebracht werden, während die USA-Bahnen trotz Normalspur Leistungen der Breitspur erbringen. Es ist nicht richtig, wenn man die Spurweite der Bahnen für die Leistung verantwortlich macht. Was den europäischen Bahnen gefehlt hat, ist nicht eine breitere Spur — wie so gern behauptet wird — sondern günstigere Lichtraumgrenzen. Heute scheitert natürlich jede Profilveränderung an der baulichen Anlage des vorhandenen Bahnkörpers, der Tunnels, Brücken usw.

Groß ist die Zahl der Wagentypen. Vom offenen, einfachen Plattformwagen spannt sich der Bogen über gedeckte G-Wagen, Rungenwagen, Selbstentlader, Spezialwagen bis hin zu den Sonderlingen, den Schwersttransportwagen, ja selbst den Eisenbahngeschützen unseligen Angedenkens. Im Jahre 1909 kam durch die Verbandsbauarten, das waren einheitliche Wagentypen des deutschen Eisenbahnverbandes, eine gewisse Ordnung in das Chaos, die sich bis zum heutigen Tage gehalten hat und nun in europäischem Rahmen eine höhere Ordnung gewinnt. Der Europ-Wagenpark ist an die Stelle der alten Vereinigung getreten, wie denn die Eisenbahnen nunmehr endlich beginnen, in übernationalen Begriffen zu denken.

Als wichtigste Einrichtung des gesamten Bahnbetriebes zeigte sich von Anfang an die Möglichkeit, einen mit großer Geschwindigkeit fahrenden Zug in kurzer Zeit zum Stillstand bringen zu können. Denn das hatten auch schon die alten Eisenbahnstrategen erkannt: Einen Zug in Gang zu setzen ist leichter als ihn wieder zum Halten zu bringen. Man hatte da recht bald trübe Erfahrungen gesammelt. Gewiß, wenn man jeden zweiten oder dritten Wagen mit einem Bremser besetzte, der auf einen Pfiff der Lokomotive hin seine Bremskurbel festleierte, dann mochte das schon gehen. Es ging auch, sogar relativ lange. Nur wies die ganze Bremserei einige kleine Schönheitsfehler auf. Wie, wenn zufällig ein Unfall in einem Wagen geschah? Der Lokomotivführer merkte es ja nicht sondern fuhr unvermindert weiter. Es hat Fälle gegeben, wo Wagen in Brand gerieten und der Lokführer seelenruhig weiterfuhr. In einem Falle führte das zu einem schrecklichen Unglück, als ein Zug mit einem derart brennenden Wagen einen Gegenzug passierte, der Dynamit geladen hatte. Einen Kommentar zu dem, was dann folgte, brauchen wir nicht zu geben. Mit der Spindelbremse ging es zudem etwas langsam. Ehe die Conducteure alle ihre Bremsen festgedreht hatten, konnte bereits das größte Unglück geschehen sein. Und immer voraus-

*) Die Umgrenzung des lichten Raumes gibt an, wie weit benachbarte Anlagen an das Gleis heranreichen dürfen.

gesetzt, alle Hände drehten kräftig an! Wie, wenn ein Schaffner ausfiel? Oder zwei? Was dann? Auf den amerikanischen Bahnen war die Geschichte noch amüsanter. Es gab Bahnen, da saß der Bremser vorn mit auf der Lokomotive. Sollte der Zug halten, dann kletterte der Mann auf die Dächer, raste dort von Wagen zu Wagen — man hatte auf den Dächern in der Mitte extra Laufstege angebracht — um hinten die Bremse anzuziehen. Daß es hier Unfälle in Massen gab, wird auch dem technisch unbelasteten Leser verständlich sein. Man spricht davon, daß bis 1881 in den USA 30 000 Bremser im Dienst tödlich verunglückt oder verstümmelt seien. Der junge Fabrikant George Westinghouse soll anläßlich eines Eisenbahnunglücks auf diese Mißstände aufmerksam geworden sein. Jene Begebenheit war Anlaß, dem Problem der Bremsung näher zu treten. Als dann vom Bau des Mont Cenis-Tunnel bekannt wurde, daß man erstmalig erfolgreich einen Bohrer mit Preßluft angetrieben hatte, da kam Westinghouse der Gedanke, der seinen Namen heute noch weltbekannt macht. Er entwarf eine Bremse, die mittels Luftdrucks betrieben wurde und führte sie im Jahre 1868 erstmals an einer Lokomotive und vier Wagen vor. Dem Versuch war im Gegensatz zu vorangegangenen Erfindungen von Bremssystemen von Anfang an ein voller

Die Güterwagen besaßen früher ein Bremserhäuschen für den die Spindelbremse bedienenden Bahnbeamten.

Erfolg beschieden. 1869 erhielt er ein Patent eingetragen. Westinghouse hätte allerdings kein amerikanischer Geschäftsmann sein müssen, wenn er nicht sofort den Wert der Sache erkannt und eine Gesellschaft mit seiner Person als Präsidenten gegründet hätte. Nun, was er anpackte, das gedieh, die Firma ist heute noch ein Unternehmen ersten Ranges, das in der ganzen Welt bekannt geworden ist. Innerhalb weniger Jahre eroberte die Westinghouse-Bremse alle Bahnen. Um 1890 herum wurde sie auch in Deutschland eingeführt, allerdings nur in Süddeutschland und in Sachsen. Die Preußische Staatsbahn glaubte in der billigeren Carpenterbremse das Ei des Columbus gefunden zu haben, mußte aber später erkennen, daß diese Mängel aufwies, und rüstete dann mit hohen Kosten ihren Wagenpark doch noch nach System Westinghouse um. Jesse Carpenter war ebenfalls ein geschäftstüchtiger Amerikaner gewesen, der 1883 sogar eine Fabrik in Berlin gründete. Die Preußische Staatsbahn war sein bester Kunde. Im Jahre 1893 übernahm dann Georg Knorr das Unternehmen und stellte sich nach dem Fiasko mit der Carpenter Bremse auf das Westinghouse-System um, das er nach eigenen Überlegungen verbesserte, als die Westinghouseschen Patente abgelaufen waren. Seine „Knorr"-Bremse wurde bei der Preußischen Staatsbahn, nach 1920 allgemein bei der deutschen Reichsbahn eingeführt, besonders in der von Geheimrat Karl Kunze und Direktor Wilhelm Hildebrand verbesserten Form.

Selbstverständlich machte auch die neue Luftdruckbremse, später Druckluftbremse genannt, mancherlei Kinderkrankheiten durch, ehe sie ihre vollkommene Betriebssicherheit erlangte. Ein wenig Bremsentheorie sollte bei einem Blick über die weite Welt des Schienenstranges nicht fehlen, zumal wir die Geschichte auf einen einfachen Nenner bringen wollen.

Wie funktioniert eine Druckluftbremse?

Auf der Lokomotive wird eine mit Dampf angetriebene Luftpumpe aufmontiert, welche Luft in einen sogenannten Hauptluftbehälter, einen ebenfalls auf der Lokomotive angebrachten runden Kessel, pumpt. Von diesem Behälter aus verläuft eine „Hauptluftleitung" von Wagen zu Wagen. Sie ist mit einem Luftdruck von 5 atü gefüllt. An diese Hauptluftleitung sind die Luftbehälter jedes einzelnen Wagens — wir nennen sie Hilfsluftbehälter — angeschlossen, die natürlich ebenfalls mit Luft gefüllt sind.

Soll gebremst werden, dann läßt der Lokführer mittels seines Bremsventils einen Teil der Luft aus der Leitung entweichen — man hört es deutlich zischen. Dadurch ermäßigt sich der Druck in der Hauptluftleitung. Die Steuerventile, die am Hilfsluftbehälter jedes Wagens sitzen, sprechen an, sperren den Weg zwischen Hauptluftleitung und Hilfsluftbehälter ab, geben dafür aber den Weg vom Hilfsluftbehälter zum Bremszylinder frei, wo die Luft sofort auf einen darin befindlichen Kolben wirkt, der seinerseits die Bremsklötze an die Radreifen preßt.

Will man weiterfahren, dann braucht der Lokführer nur sein Bremsventil wieder in „Füllstellung" zu legen. Die Luftpumpe tritt in Tätigkeit, der Druck in der Hauptluftleitung steigt wieder auf 5 atü, die Steuerventile aller Wagen

Oben: Saalebrücke bei Burg Saaleck als Beispiel einer alten Gewölbebrücke. Auf der Brücke der Fernschnelltriebwagen München—Berlin 1937. (Foto: Bellingrodt)

Unten: Die Rheinbrücke Mainz-Süd gehört zu den bedeutendsten deutschen Brückenbauwerken. Die beiden Türme stammen noch aus der Zeit, als man Brückenköpfe festungsmäßig schützte. (Foto: Maedel)

Oben: Schwarzwaldbahn — klassische deutsche Gebirgsbahn! V 200-Diesellok in Doppeltraktion bei der Ausfahrt aus dem 328 Meter langen Hohnen-Tunnel. (Foto: Klossek)

Unten: Schnellzug auf der Steigung zwischen Röllerwald- und Eisenbergtunnel. (Foto: Klossek)

Schnellzug Köln—Leipzig auf dem Altenbekener Viadukt im Egge-Gebirge. (Foto: Rotthowe)

Oben: Schnelle Züge in Nord und Süd: TEE „Edelweiß", Amsterdam—Zürich, durchfährt das flache holländische Land. (Foto: NS)

Unten: Schnellverkehrstriebwagen „Transalpin" der ÖBB verläßt Innsbruck Hbf. (Foto: Seng)

gehen in ihre alte Stellung zurück. Gleichzeitig werden die Wagenbremszylinder mit der Außenluft verbunden, die darin befindliche Druckluft faucht heraus, eine starke Rückzugfeder zieht den Kolben wieder zurück und die Bremsklötze lösen sich von den Radreifen. Inzwischen ist der Hilfsluftbehälter über den Hauptluftbehälter mit frischer Druckluft versorgt worden, so daß bei nächster Gelegenheit eine neue Bremsung eingeleitet werden kann. Der Bremszylinder kann auch zwei Kammern besitzen, in denen Druckluft steht. Beim Bremsen wird in diesem Falle aus der einen Kammer Druckluft abgelassen, während die in der anderen Kammer befindliche Luft den Kolben vortreibt. Man unterscheidet hiernach Einkammer- und Zweikammerbremsen.

Die Sache hat allerlei angenehme Beigaben. Tritt nämlich eine Zugtrennung ein, entweicht die Luft aus der Hauptleitung und die Bremsung tritt ein, so, als habe der Lokführer sein Ventil bedient. Fernerhin erschien es geradezu verlockend, auch in das Wageninnere einen Hahn für die Luftleitung zu verlegen. Man wählte für ihn die Form eines Handgriffes. Zieht man daran, öffnet sich über ein Gestänge ein Ventil in der Hauptluftleitung, die Luft entweicht mit kräftigem Zischen — der Zug kommt zum Stehen. Notbremse heißt diese segensreiche Einrichtung. Zweckmäßiger und einfacher geht es wirklich nicht, und man kann heute wohl sagen, daß sich kaum jemals eine Erfindung so ausgesprochen nützlich erwiesen hat wie diejenige von George Westinghouse. Allein wieviel Unheil konnte durch die Druckluftbremse verhütet werden. Ohne sie wäre eine Weiterentwicklung des Verkehrs nicht möglich gewesen.

Fehlt bei dem Bremssystem der Hilfsluftbehälter, gibt der Lokführer also aus dem Hauptluftbehälter sofort Druckluft in die Bremszylinder, so spricht man von einer nicht-selbsttätigen Bremse (z. B. Bauart Henry). Einlösig heißt eine Bremse, die nicht stufenweise gelöst werden kann. Bei solchen Bremsen kann der Druck im Hilfsluftbehälter, wenn oft hintereinander gebremst wird, so weit sinken, daß schließlich keine ausreichende Bremskraft mehr vorhanden ist. Bei der mehrlösigen Bremse wird die beim Bremsen verbrauchte Luft ersetzt, wenn die Bremse vollständig gelöst ist. Später schuf der französische Maschinenmeister Henry noch eine Zusatzbremse, die nach ihm benannt wurde und auf stark geneigten Strecken Verwendung fand, so in Baden auf der Schwarzwald- und Höllentalbahn. Anderweitig wurde die Luftsaugebremse eingeführt, besonders in Österreich, sie soll uns aber nicht sehr interessieren, denn ihre Verbreitung ist zurückgegangen. Sie arbeitet mit einem Vakuum in der Bremsleitung. Der Bremszylinder ist geteilt, besitzt also zwei Kammern. Schließt man die eine an die Vakuumleitung an, die andere hingegen an die Außenluft, bringt man in der Vakuumkammer schließlich den Bremskolben unter, so muß eine Verbindung beider Kammern und damit als Folge das Einströmen der Außenluft in das Vakuum zwangsläufig dazu führen, den Kolben nach außen und damit über das Bremsgestänge die Klötze an die Räder zu pressen. Die Saugluftbremse nach Patent Hardy war eine einfache, robuste und billige Bremse, die besonders in den Gebirgsländern sehr viel Sympathie fand. Eine Abart von ihr, die Körtingbremse, fand auf deutschen Nebenbahnen Eingang. Nur erwies sich halt die Kupplung von Wagen mit Saugluftbremse und solchen mit Druckluftbremse als problematisch.

Nach anderen Prinzipien arbeitet die 1872 erfundene Heberlein-Bremse, die sich auf Nebenbahnen bis heute gehalten hat und wegen ihres über die Wagendächer ragenden Seilmechanismus immer ein wenig Heiterkeit erregte. Ein über alle Wagen zu einer Seilwinde auf der Lokomotive führendes Seil sorgt dafür, daß — wenn es angespannt ist — die Bremsen aller Wagen gelöst sind. Wird jetzt aber das Seil auf der Lokomotive nachgelassen, dann senkt sich auf jedem Wagen eine über das Dach hinausragende Seilrolle, die mit dem Bremsgestänge gekuppelt ist, und die Bremsklötze legen sich, durch ein Gewicht oder eine Kettenrolle gefördert, gegen die Radreifen. So merkwürdig das System auf den ersten Blick anmutet, es hat sich bewährt. Auf vielen, besonders norddeutschen Nebenbahnen ziehen Lokführer und Heizer noch heute „am gleichen Strick", ums Züglein aus dem Zustand der Bewegung in den der Ruhe zu versetzen.

Heute mutet uns das alles sehr einfach an, heute erscheint alles selbstverständlich. Und doch — einer mußte erst einmal darauf kommen. Gewiß sind unsere Bremssysteme alle komplizierter geworden, sie sind verfeinert, sie sind ein Instrument, auf dem man auch leise Töne spielen kann. Aber sie bleiben immer die alte, so wunderbar gelungene Erfindung des George Westinghouse.

Stellen wir kurz unsere in Europa, besonders bei den deutschen Bahnen, gebräuchlichen Bremssysteme zusammen:

Einlösige Bremsen

1. Selbsttätige Druckluftbremsen Bauart Westinghouse und Knorr mit Einfachsteuerventil   Wbr und Kbr *)
2. Druckluftbremse Knorr für besonders schnellfahrende Lokomotiven   Kssbr
3. Selbsttätige Druckluftbremsen Bauart Westinghouse und Knorr mit Steuerventil mit Beschleunigungsorgan   Wpbr und Kpbr

Mehrlösige Bremsen

1. Nichtselbsttätige Druckluftbremse Bauart Henry und die Lokomotivzusatzbremse   —
2. Selbsttätige Kunze-Knorr-Bremsen für Güterzüge   Kkgbr
3. für Personenzüge und für Schnellzüge   Kkpbr u. Kksbr
4. Selbsttätige Hildebrand-Knorr-Bremsen für Güterzüge   Hikgbr
5. für Personenzüge und für Schnellzüge   Hikpbr und Hikssbr
6. Selbsttätige Einkammerbremsen mit Löseventil

Mehrlösige Bremsen fremder Verwaltungen

1. Selbsttätige Drolshammer-Bremse (Schweiz)
2. Selbsttätige Bozič-Bremse (ČSD)
3. Selbsttätige Breda-Bremse (Italien)

*) Die neuen Brems-Kurzzeichen sind im Anhang angegeben.

Nicht mehr verwendet werden
die Zweikammerbremsen von
Carpenter   Cbr
Schleifer   Sbr
Wenger   Wnbr
Doppelbremse Westinghouse-Henry   Dir
Körtingbremse   Köbr

Bei Güterzügen besitzt nicht jeder Wagen eine Bremse, durch manche läuft die Leitung nur hindurch, sie besitzen keine Bremsklötze. Man spricht in solchen Fällen von Bremswagen und Leitungswagen.

Die Druckluftbremse ermöglichte um die Jahrhundertwende das Aufkommen der großen Luxuszüge, sie war notwendig, daß heute die Trans-Europ-Expreß-züge großzügigen Komfort für die Reisenden bieten und die Länder des Kontinents miteinander verbinden. Wir möchten sie nicht mehr missen, jene schnellen Züge unseres Jahrhunderts, die amerikanischen und transsibirischen Pullmanzüge mit Bar und Spielsalon, Kinderzimmer und Aussichtswagen.

Nun, über den Vorzügen der modernen, der künftigen Zeit sollten wir nicht das Vergangene vergessen. Wenige Jahre sind es erst her, daß die Dampflokomotive noch das Rückgrat des Schienenverkehrs bildete. Sie vor allem hat der Eisenbahn zu ihrem Siegeszug verholfen. Es ist nur recht und billig, daß wir ihrer an dieser Stelle mit einem Bericht aus der Zeit ihrer größten Blüte und höchsten Leistungsfähigkeit gedenken. Die sogenannten Niagara-Lokomotiven der New York Central-Bahn gelten gewöhnlich als letzte Vollkommenheit der Kolben-Dampflokomotive. Ein Fahrterlebnis auf dem Führerstand eines solchen Giganten, das dem Autor Gelegenheit gab, die Maschine auf dem Gipfelpunkt ihrer Leistungsfähigkeit kennenzulernen, ja, eine Spitzenleistung aller Dampflokomotiven überhaupt zu erleben, soll uns daher auf den folgenden Seiten unterhalten und dazu beitragen, unsere Hochachtung vor der Dampfmaschine zu bewahren.

Eine Fahrt auf der Niagara-Lokomotive

Von A. Haas

Während der Jahre etwa von 1935 bis 1948 erreichte die Dampflokomotive ihren konstruktiven und leistungsmäßigen Höhepunkt. Die Dieselmaschine war zwar im Kommen, noch beherrschte jedoch der Dampf das Feld und brachte es insbesondere in den USA zu Leistungen, wie sie sonst nirgends wieder erreicht worden sind. Was gab es doch für Riesen, für Giganten, für Kolosse unter den Lokomotiven, Hunderte von Tonnen schwer! Was für Saurier stampften und tobten damals über die Schienenstränge, donnerten in rasendem Lauf über die Prärien von Nebraska und Dakota, ächzten unter orkanartigem Getöse mit hundertfachem Auspuff-Widerhall durch die Canyons der Rocky Mountains oder rasten über die glühend heißen Wüsten Arizonas und die weiten Niederungen Floridas. Von der Mündung des Mississippi bis zu den großen Seen an der Grenze Kanadas, von der unwirtlichen Sierra bis zu den lieblichen Alleghanys jubelten tagaus, tagein die stählernen Dampfungeheuer ihr Lied gen Himmel, das Lied von der überwältigenden Größe dieser Riesenlokomotiven, das Lied von Glanz und Pracht der Technik des zwanzigsten Jahrhunderts.

Die Maschinen mit zwei Triebwerken — also in der Bauart Mallet — mögen zweifellos die größte Imposanz gezeigt haben. Sie waren jedoch in erster Linie Lastzugmaschinen, dazu bestimmt, Tausende von Tonnen über weite Strecken zu schleppen. Hingegen ist es schon ein Glücksfall, auf dem Führerstand einer richtigen, großen Überland-Schnellzuglokomotive mitfahren zu können. In den Jahren 1947—1953 genoß ich das Glück und Privileg, beliebig oft auf den Führerständen von modernen Dampflokomotiven der New York Central-Bahn auf der Strecke Harmon — Albany — Syracuse (412 km) mitzufahren. Mehr als die Hälfte meiner sehr zahlreichen Fahrten vollzogen sich auf den Führerständen der berühmten 2'D2'-Zweizylinder-Heißdampflokomotiven der Niagara-Klasse, die als der Höhepunkt und Abschluß in der Entwicklung der modernen amerikanischen Dampflokomotive angesehen wird.

Von einer besonders denkwürdigen Fahrt, der einzigen ihrer Art, bei der ich Gelegenheit hatte, für kurze Zeit diese mächtige Lokbauart bei ihrer Höchstleistung kennenzulernen, soll hier die Rede sein.

Sonntag, den 24. Juni 1951. Ein herrlicher, sonniger Morgen! Es ist kurz vor sieben Uhr früh, als ich mit dem elektrischen Vorortzug von New York kommend auf dem Bahnhof Harmon eintreffe. Trotz der frühen Morgenstunde warten bereits etliche Reisende mit ihren Gepäckstücken auf den Bahnsteigen, die Ferienzeit hat gerade eine Woche vorher begonnen. In der Hand trage ich eine prall gefüllte Aktentasche, in der sich Proviant für eine ganze Expedition befindet, Dosen mit Limonaden und Fruchtsäften, Tüten mit Kuchenscheiben, dazu Kamera, Stativ, eine Reihe Filme und andere Utensilien. Es ist 7.10 Uhr, als ich in der Kantine des Bahnbetriebswerkes meine beiden Freunde, Oberlokführer Wright Young und Reservelokführer W. J. Garrity beim Frühstück antreffe und mit dem nötigen „Hallo!" begrüße.

„Wir können uns Zeit lassen", meint Lokführer Mr. Young, so daß ich noch schnell eine Tasse Kaffee und ein Butterbrötchen zu mir nehmen kann.

„Wir fahren heute Nummer 6012; sie kam gerade gestern von der Hauptausbesserung in Beech Grove, Indiana", informiert er mich. Die frisch lackierte Lokomotive glänzt in der Morgensonne, als wir sie auf dem Ausfahrtsgleis des Bw besteigen, für mich ein feierlicher Vorgang. Als erstes drückt man mir eine Portion Putzwolle in die Hand, die ich auf meinem Sitz verstaue. Das Schuppenpersonal hat die Lokomotive fahrbereit gemacht, während die Lokmann-

schaft, welche die Maschine hergebracht, die Vorräte des Tenders wieder aufge-
füllt hat. Eine kurze Inspektion der Lokomotive zeigt, daß alles in bester
Ordnung ist. Der Manometer zeigt bereits über 12 atü Kesseldruck an. Der
Dampfbläser zur Feueranfachung und später der Stoker (die Kohlenfördereinrichtung, welche die Kohlen aus dem Tender in die Feuerung bringt) werden
angestellt. Große weiße Dampfwolken zischen aus den geöffneten Zylinder-
hähnen, als wir uns langsam um 7.25 Uhr in Bewegung setzen. Wir rollen
rückwärts, mit dem Tender voran, über die Brücke, die die Hauptbahnstrecke
überspannt, und kommen bis fast an den Bahnsteig. Dort warten wir einen
Augenblick, bis die Weiche umgestellt ist. Dann geht es etwa 150 Meter vorwärts
auf das Wartegleis, wo wir die Ankunft unseres Zuges erwarten. Es ist Zug
Nummer 55, „The Advance Empire State Express", Schnellzug von New York
nach Buffalo, der um 7.54 Uhr hier eintreffen und 5 Minuten später abfahren
soll. Es ist jetzt 7.50 Uhr, der Dampfdruck unserer Maschine ist bereits auf 19
atü angestiegen, die Sicherheitsventile beginnen zu säuseln, schon greift die Hand
von Lokführer Young zum Handgriff, den Injektor, die Dampfstrahlpumpe,
anzustellen, aber um einen Augenblick zu spät. Mit lautem Krachen öffnet sich
das Sicherheitsventil, und ein gewaltiger Dampfstrahl schießt turmhoch in die
Luft. Aber nur einen Moment dauert es, dann wirkt der Injektor, das Ventil
schließt sich, der Lärm bricht ab und nur das Rauschen der Strahlpumpe ist noch
zu hören.

Oberlokführer Young ist ein Mann von 62 Jahren, von kleiner Statur, immer
freundlich und sehr humorvoll, ein echter Dampflokführer der alten Schule. Es
ist geradezu ein Vergnügen mitanzusehen, wie vollkommen der kleine Mann
die riesige Lokomotive beherrscht. Er ist ein wahrer Künstler in der Handhabung
des Reglers, wie wir später noch sehen werden. Sein Heizer, Reservelokführer
William J. Garrity, ein großer, breitschultriger Mann, runde 20 Jahre jünger als
sein Chef, gutmütig und sehr unterhaltsam, versteht seinen Beruf ebenfalls auf
das beste.

Die Dosen mit den Getränken werden jetzt in dem dafür vorgesehenen Fach
rechts am Tender auf Eis gelegt. Ich richte mich auf meinem Platz hinter dem
Heizer häuslich ein, die Kamera wird in Aktionsbereitschaft gebracht. Natürlich
trage ich eine Schirmmütze mit der dazu gehörenden Autobrille. Das ist nicht
nur praktisch, sondern sieht vor allem furchtbar zünftig aus.

Die Uhr zeigt genau 8.00, leider ist unser Zug immer noch nicht in Sicht. Erst
8.02 Uhr läuft er ein, gezogen von zwei älteren, achtachsigen Elektrolokomotiven.
Die werden sofort abgekuppelt und brummen auf ein Nebengleis. Jetzt wird die
Weiche für uns umgestellt, ein weißes Lichtsignal leuchtet auf, langsam rollen wir
rückwärts, bis der Kuppler unseres Tenders in den des ersten Wagens einschnappt.
Die amerikanischen Eisenbahnen haben bekanntlich keine Puffer, sondern sind
nur mit automatischen Kupplungen ausgerüstet. Der Heizer braucht die Lokomotive nicht zu verlassen, ein Bahnhofsarbeiter, beaufsichtigt von einem Schaffner, verbindet Luft- und Heizschläuche. Viel Dampf wird für die Klimaanlage

des Zuges benötigt — jeder Wagen mit Ausnahme des Packwagens ist „air conditioned" — sowie für den Küchenwagen. Die Bremsprobe wird durchgeführt, alles ist in bester Ordnung. Die Bremse wird wieder gelöst und die Steuerung voll in Fahrtrichtung ausgelegt.

Jetzt erscheint der Zugführer bei uns und meldet, daß wir 19 Wagen anhängen haben, darunter eine Anzahl besonders schwerer Sechsachser. „Die bisherige Verspätung war unvermeidlich", meint er, „vielleicht kann etwas von der verlorenen Zeit wieder aufgeholt werden?"

Unser Ausfahrtssignal steht auf Fahrt, die Glocke fängt an zu bimmeln. Es ist 8.08 Uhr, als das Abfahrtssignal (Highball) im Führerstand ertönt: Zwei langgezogene Summertöne, durch Druckluft erzeugt. Irgendwo im Zuge drückt der Zugführer zweimal auf einen kleinen Knopf. Der Sandstreuer wird angestellt, mit beiden Händen greift jetzt Young nach dem Reglerhebel, zieht ihn zu sich (die Maschinen haben Seitenzugregler), nicht zu wenig und nicht zu viel. Die Lok zieht sofort an, wir bewegen uns vorwärts, nicht der geringste Hang zum Schleudern ist festzustellen, obwohl wir fast 1400 Tonnen am Zughaken haben.

9 Minuten Verspätung!

Whamm — whamm — whamm — whamm — wummert die Lok in klaren, haarscharfen und völlig gleichmäßigen Schlägen! Man merkt sofort, daß die Steuerung neu einreguliert ist. Man fühlt geradezu die riesige, unwiderstehliche Kraft, mit welcher die gewaltige Lokomotive vorwärtsdrängt. Durch die Löcher in der Feuertür kann ich bei jedem Schlag das Aufflammen des Feuers beobachten. An eine Unterhaltung ist bei diesem Toben der Maschine, bei diesem Geräuschorkan nicht zu denken. Wir haben Dampf im Überfluß, beide Sicherheitsventile blasen jetzt ab.

Die Lokomotive beschleunigt mehr und mehr, eine herrliche, wunderbare Fahrt beginnt. Wir passieren Croton-on-Hudson mit 35 km/h. Hier hören die Rangiergleise von Harmon und die Stromschienen für die elektrische Strecke auf. Oscawanna wird mit 60 km/h durchfahren. Da wir ein frisches Feuer haben, das noch nicht durchgebrannt ist, will unser Lokführer die Maschine noch nicht zu stark beanspruchen. Bis Peekskill, 12,7 km von Harmon entfernt, ist sowieso nur eine Höchstgeschwindigkeit von 96 km/h zugelassen, und dort muß wegen der sehr starken Linkskurve am Nordende des Bahnsteiges die Geschwindigkeit drastisch reduziert werden. Durch Crugers und Montrose geht es bereits mit 70 und 90 km/h. Ein Blick auf den „Valve Pilot", ein Hilfsgerät für den Lokführer zur Leistungskontrolle, zeigt uns, daß die Steuerung jetzt bis auf 35 % eingelegt ist, während der Regler nur kaum ein Drittel geöffnet ist.

Das Fenster links neben meinem Sitz steht offen, bei jeder Linkskurve lehne ich mich weit hinaus, um die 19 Wagen anzusehen, die hinter uns herrollen. Direkt nach der Lokomotive laufen leer zwei schwere Sechsachser, ein Küchen- und ein Speisewagen. Dann folgen zwei Packwagen, fünf moderne Stromlinien-Coaches (2. Klasse D-Zugwagen), zwei schwere sechsachsige Pullmanwagen (1. Klasse-D-Zugwagen), je ein Küchen- und Speisewagen, beides ebenfalls schwere sechsachsige

Fahrzeuge, sowie noch sechs weitere Personenwagen 1. und 2. Klasse, alle bis auf einen in moderner Stromlinienverkleidung, jedoch nicht in Leichtbauweise. Die beiden hintersten Wagen sind Kurswagen nach Montreal, Canada. Sie werden in Albany von unserem Zuge getrennt und an den Schnellzug nach Montreal der Delaware and Hudson Railroad angehängt.

Peekskill kommt in Sicht. Mr. Young greift mit der linken Hand zum Bremsventil, während er mit der rechten die Dampfpfeife (whistle) ausgiebig betätigt. Der Regler ist nicht geschlossen, die Maschine arbeitet hart gegen die Bremsung, aber die Kupplungen sollen gespannt bleiben, um Stöße und Zucken im Zuge zu vermeiden. Die Geschwindigkeit beträgt jetzt nur noch 30 km/h, als wir den Bahnhof Peekskill durchfahren. 48 km/h sind zwar von Amts wegen zugelassen, unser Meister hat aber seine eigenen Sicherheitsstandards. Nicht nur die enge Kurve ist gefährlich, es sind auch scharfe Weichen zu befahren, denn die bis jetzt viergleisige Strecke wird hier zweigleisig.

„Clear Bo-ard — clear Bo-ard" (freie Fahrt) ruft der Heizer, als wir in die scharfe Kurve einfahren. Von meinem Fenster aus kann ich jetzt den ganzen Zug beobachten, wie er den Bahnhof durchfährt und ein Wagen nach dem andern aus dem Schatten des Bahnhofsdaches auftaucht. Es ist ein herrliches Bild, und ich mache eine Aufnahme.

Mr. Young löst die Bremse, der Regler wird weiter geöffnet und die Steuerung auf 5/10 ausgelegt. Die Maschine fängt stark an zu arbeiten, ein wildes, scharfdonnerndes Auspuff-Staccato setzt ein, das immer schneller wird. Von hier bis Beacon, unserem ersten Haltepunkt nördlich von Harmon, sind bereits 112 km/h zugelassen. In kaum mehr als zwei Minuten sind wir bei dieser Geschwindigkeit angelangt. Die Steuerung liegt jetzt auf 3/10, und der Regler ist nur noch ganz wenig geöffnet, um nicht schneller wie erlaubt zu fahren. Die Strecke ist sehr kurvenreich, wir durchfahren zahlreiche kleine Tunnels. Bei Manitou kommen wir in die „Highlands of the Hudson". Hoch über uns die riesige Bear Mountain-Brücke, die den Hudsonstrom überspannt. Die Landschaft zu beiden Seiten des Flusses wird jetzt geradezu herrlich. Felsen und hohe bewaldete Berge schieben sich heran, Wälder, die kaum je ein Menschenfuß betreten hat. Von den Bergen hallt das Geräusch unserer Lokomotive als vielfaches Echo wider. Die Bahnhöfe von Garrison, Cold Springs und Dutchess werden mit unverminderter Geschwindigkeit durchfahren. Kurz hinter Cold Springs, wo die Ufer zu beiden Seiten des Flusses wieder zurücktreten, wird die Strecke abermals viergleisig, zwei Gleise für jede Richtung. Wir fahren auf dem inneren Strang, dem Schnellzuggleis. Die Lokomotive läuft so ruhig wie ein Pullmanwagen, auch von einem „Eigenleben" des Tenders kann keine Rede sein. Da die Maschine bei gleichbleibender Geschwindigkeit jetzt schwächer arbeitet — wie bereits erwähnt —, kommt eine kurze Unterhaltung in Gang.

„Nun, zufrieden? Alles okay?" blinzelt mich der Lokführer freundlich an.

„Wunderbar, Mister Young, eine geradezu herrliche Fahrt heute."

„Und ob. Mit der Niagara und dem alten Young gibt's nur herrliche Fahrten!"

Wir nähern uns Beacon, die Bremse wird betätigt, der Regler geschlossen und die Steuerung ausgelegt. Ein leichter, jedoch nicht unangenehmer Rauch aus der Feuerbüchse wird verspürt. Die Glocke beginnt zu bimmeln, mit 40 km/h fahren wir in den Bahnhof ein und kommen genau zwei Wagenlängen vor Ende des Bahnsteiges mit sanftem Ruck zum Halten. Es ist 8.43 Uhr, wir haben 2 Minuten aufgeholt. Nun, 41 Kilometer in 35 Minuten, das ist noch keine aufregende Leistung. Es gilt jedoch die bisherigen Geschwindigkeitsbeschränkungen in Betracht zu ziehen.

Beacon ist nur ein kleines Städtchen und würde kaum als Haltepunkt für Schnellzüge lohnen, wenn es nicht gegenüber der viel größeren Industriestadt Newburgh läge, mit der es durch dauernden Fährverkehr verbunden ist. Nächster Halt ist Poughkeepsie, eine größere Industriestadt am Hudson und Sitz der bekannten Vassar-Universität.

Hinter Beacon sind 130 km/h zugelassen. Zur Abwechslung blasen einmal wieder die Sicherheitsventile ab. Die Uhr zeigt 8.45, als das Abfahrtssignal ertönt. Diesmal geht es noch lebhafter zu, als Lokführer Young den Regler öffnet. Er zieht ihn so weit auf, daß er gerade eben noch an einem Schleudern vorbeikommt. 125 Tonnen Reibungslast auf gut gesandeten Schienen stemmen sich gegen das Gewicht des Zuges, das scharfe Knallen des Auspuffs muß man kilometerweit hören. Ganz allmählich wird die Steuerung eingelegt. Wir kommen schneller als je zuvor in Gang, der Stoker arbeitet stärker, der Strom der Kohlestückchen bewegt sich schneller, wenn man auf die vier Öffnungen über den Stokerdüsen unterhalb der „Butterfly"-Feuertür schaut. Trotz größter Kesselanstrengung knallen jetzt auch noch die Sicherheitsventile ab, als wollten sie zeigen, daß sie an Lautstärke mit dem aus dem Blasrohr tobenden Orkan noch konkurrieren können. Den Bahnhof von Chelsea, 5,5 km entfernt, durchrasen wir schon mit 130 km/h. Ich öffne einen Moment die Feuertür, indem ich auf einen Knopf am Boden trete — das Öffnen geschieht mittels Druckluft —, ein tobendes, schneeweißes Flammenmeer lodert mir entgegen, es ist unmöglich, auch nur einen Augenblick vor der geöffneten Feuertür zu verweilen.

Die Lokomotive hat sich jetzt wieder beruhigt. Die Steuerung liegt auf etwas unter $^3/_{10}$ eingeklinkt, der Regler ist nur noch $^1/_3$ offen. Alles ist auf den Beharrungszustand von 130 km/h eingestellt. Lokführer Young zündet sich gemütlich eine Zigarette an, während unser Heizer sich eben eine Zigarre ansteckt, die ich ihm angeboten habe. Ich werde jedoch schon ganz kribbelig vor Erwartung, denn gleich muß New Hamburg kommen und direkt dahinter die Wassertröge zwischen den Schienen, wo unsere Lok, besser gesagt ihr Tender, einen kräftigen Schluck Wasser zu sich nimmt. Die Kamera muß schußbereit sein. Jetzt passieren wir New Hamburg, da ist schon der Wasserturm in Sicht. Mit einem kräftigen „Joooh", dem Allerweltslaut der Eisenbahnersprache, betätigt Garrity blitzschnell ein Ventil, das die Schöpfvorrichtung ins Wasser senkt. Kaskaden von Wasser, das nicht in den Tender gelangt, stürzen aus den seitlichen Abflußrohren. Ich stecke schnell die Kamera mit beiden Händen zum Fenster hinaus,

Oben: „Niagara"-Loko-
motive der New York
Central-Bahn Nr. 6012.
(Foto: Johnson)

Oberlokführer Wright
Young von Niagara 6012
(Foto: Haas)

Unten: Reservelokführer
W. J. Garrity auf dem
Heizersitz der 6012.
(Foto: Haas)

Seite 104: Blick aus dem
Führerstand der Niagara-
Lok auf den Strecken-
abschnitt bei German-
town. 120 km/h!
(Foto: Haas)

Seite 105: Der Schnell-
zug nach Buffalo hat so-
eben Peekskill durchfah-
ren. Im Hintergrund die
scharfe Kurve.
(Foto: Haas)

Oben: Niagara Nr. 6014 zwischen Croton-on-Hudson und Oscawanna. (Foto: Haas)

Unten: Einer der riesigen Mallet-Giganten der Union-Pacific-Eisenbahn, aufgenommen im Depot Cheyenne. (Foto: Haas)

mache eine Aufnahme und habe gerade noch ein paar Sekunden Zeit, das dramatische Schauspiel zu genießen. In einer knappen halben Minute ist alles vorüber. Blitzschnell wird das Ventil wieder betätigt, das die Saugvorrichtung hochzieht, einen Augenblick zu spät und sie würde an den Schwellen zertrümmert sein.

Während wir durch den Bahnhof Camelot rasen, nehme ich drei Dosen Fruchtsaft aus unserer Eisbox im Tender, und jeder von uns dreien genießt die Erfrischung, denn es ist wieder ein sehr heißer Tag. Die ständige Zugluft sorgt jedoch dafür, daß das Klima auf dem Führerstand erträglich bleibt.

Wir nähern uns Poughkeepsie. Mit voller Geschwindigkeit jagen wir durch die Industrievorstadt. Erst als in der Ferne schon der große Bahnhof in Sicht kommt, schließt Young den Regler, legt die Steuerung aus und beginnt mit dem Bremsen. Es ist 8.58 Uhr, als wir am äußersten Ende des Bahnsteiges, gegenüber dem Wasserfall, zum Stehen kommen. Einige hundert Meter ragt vor uns hoch in den Lüften die riesige Mid-Hudson Bridge auf, die hier den Fluß an seiner breitesten Stelle überspannt. Ich schaue auf die Uhr: 23,4 km in 13 Minuten! Das gibt einen Durchschnitt von 108 km/h. Auf dieser kurzen Entfernung eine recht beachtliche Leistung. Nach dem Fahrplan sind 17 Minuten vorgesehen. Ich spare nicht mit anerkennenden Worten für Oberlokführer Young.

Auf dem Bahnhof herrscht lebhafter Betrieb, es wird viel Gepäck und Eilgut in die Packwagen verstaut. Inzwischen ist Freund Garrity von der Lok geklettert, um die Lager nachzufühlen und wo nötig, Öl nachzufüllen. Kein Heißläufer, alles ist in bester Ordnung. Young und ich beobachten unterdessen das Treiben auf dem Bahnhof. Young schaut ungeduldig auf seine große Taschenuhr. Es ist 9.02 Uhr und immer noch keine Abfahrt, nur das Ausfahrtssignal steht auf „Frei". Unser nächster Halt ist Hudson, 66 km von hier entfernt, für die wir laut Fahrplan nur 37 Minuten zur Verfügung haben.

„Werden wir denn Gelegenheit haben, die Verspätung wieder aufzuholen?" frage ich den Meister.

„An sich bin ich nicht verpflichtet, unverschuldete Verspätungen einzuholen und schneller als 80 m.p.h. (129 km/h) zu fahren", meint Mr. Young, „aber jetzt habe ich Gelegenheit, Ihnen einmal zu zeigen, was eine Niagara wirklich zu leisten vermag."

Hei, dachte ich bei mir, das kann noch interessant werden, und Mr. Youngs Worte klangen wie Musik in meinen Ohren, zumal die vor uns liegende Strecke größtenteils für 100 m.p.h. (160,9 km/h) zugelassen ist.

Und es wurde interessant. Mehr noch, ein einmaliges Erlebnis begann — nein, Erlebnis ist noch zu schwach, mir fehlen einfach die Worte, um das zu beschreiben, was sich nun tat.

Das Abfahrtssignal ertönt. Genau 4¹/₂ Minuten nach 9 Uhr stellt Mr. Young die Sandstreuer an, greift zum Regler und — mir verschlägt es die Sprache — zieht ihn ganz nach vorn bis zum Anschlag! Ein Zittern läuft durch die Maschine, man spürt, wie wir uns haarscharf am Rande der Reibungsgrenze befinden, die hohen Treibräder wollen schleudern, greifen aber doch — es geht vorwärts.

300 Meter gerade Strecke liegen vor uns, um Anlauf zu nehmen, dann beginnt die 2¹/₄ km lange Steigung 1:80.

Die Steuerung ist ganz ausgelegt. Unser Schienengigant brüllt los, wie ich ihn nie vorher und nie wieder nachher erlebt habe. Ein Orkan umtobt uns, wie Kanonenschüsse knallen die Auspuffschläge aus dem Schornstein, weit weit stärker als vorhin in Beacon. Eine riesige Dampfsäule schießt kerzengerade gen Himmel. Mein Trommelfell droht zu platzen, ich öffne unwillkürlich den Mund. Die Hölle scheint losgebrochen. Wir beschleunigen fast mit der gleichen Stärke wie eine elektrische Lokomotive. Young legt jetzt die Steuerung auf 55 Prozent zurück und klinkt ein. Der Regler bleibt bis zum Anschlag geöffnet in jener einmaligen Stellung. Schon liegt der Bahnhof weit hinter uns, wir sind mitten auf der Steigung. Die riesige Niagara gibt jetzt all ihre Kraft her. 7000 PS toben in ihren Zylindern, um die 19 Wagen voranzubringen, die jetzt buchstäblich hinten am Tenderzughaken hängen. Es ist unwahrscheinlich und nicht zu beschreiben, wie die Maschine losdonnert. Ich bin heute noch glücklich, mit eigenen Augen und Ohren dabeigewesen zu sein, und Mr. Young gehört noch heute mein wärmster Dank, mir ein solch herrliches Erlebnis vermittelt zu haben.

Trotz der ungeheuren Rostbeanspruchung tritt kein Abheben der Kohle ein, der Zeiger des Manometers bleibt treu und brav auf 19 atü stehen. Die Heizflächenbelastung hat jetzt die einsame Höhe von 120 kg/m²/h erreicht. Alles klappt hervorragend. Young erweist sich als wirklicher Künstler. Nahe dem Ende der Steigung haben wir 70 km/h erreicht. Hyde Park, wo sich das Gut und die letzte Ruhestätte unseres früheren Präsidenten F. D. Roosevelt befinden, durchrasen wir bereits mit 145 km/h. Durch Staatsburg und Rhinecliff geht es wie die „wilde Jagd". Der Geschwindigkeitsmesser zeigt dauernd 156 km/h. Die Steuerung liegt nun wieder auf ³/₁₀, auch der Regler ist nicht mehr so weit offen. Die Geschwindigkeit soll gehalten, aber nicht überschritten werden, und da muß Lokführer Young sehr aufpassen. Er beherrscht jedoch die riesige Maschine so meisterhaft wie kaum einer seiner Kollegen, sie gehorcht ihm buchstäblich „aufs Wort".

Wir nähern uns Barrytown. Hier gibt es eine Langsamfahrstelle, wir verringern die Geschwindigkeit und durchfahren den Bahnhof Barrytown wie vorgeschrieben mit nur 80 km/h. Gleich hinter dem Bahnhof bricht jedoch der Orkan wieder los, unser Gigant heult aufs neue los, wir kommen schnell auf hohe Geschwindigkeit, aber nicht für lange, denn schon nähern wir uns Tivoli mit seinen Wassertrögen zwischen den Schienen, wo wir wieder während der Fahrt Wasser nehmen müssen. Dabei soll die Fahrgeschwindigkeit 130 km/h möglichst nicht überschreiten. Bei Tivoli wiederholt sich also dieselbe Prozedur, wie wir sie bei New Hamburg erlebt haben. Am Tenderwasserstandsanzeiger kann ich ablesen, daß jeder „Schluck" den Vorrat des Tenders um fast 8000 Gallonen, das sind 30 m³ Wasser, vermehrt.

Innerhalb von 15 Sekunden sind wir wieder auf 156 km/h, und diese Geschwindigkeit wird unverändert während der restlichen 25 km bis Hudson bei-

Schneller und schneller donnerte die Niagara die Steigung bei Poughkeepsie hinauf.

behalten. Wir passieren die alten deutschen Siedlungen Germantown und North Germantown, die im 18. Jahrhundert von Einwanderern aus der Pfalz gegründet wurden. Als wir durch North Germantown rasen, sieht unser Lokführer zufällig auf seine Taschenuhr und bemerkt beiläufig, daß wir kaum noch nennenswerte Verspätung haben. Unser Heizer, Mr. Garrity, braucht jetzt in der Linkskurve weniger stark zu schreien, wenn er seinen Chef vom Stand der Signale informieren will. Bisher gab es nur den Zuruf: »Green over green« (zwei grüne Lichter), andere Signalstellungen haben wir heute noch keine angetroffen.

Ich gebe mich jetzt ganz dem Genuß der rasenden Schnelligkeit hin. Wir passieren gerade die Rip Van Winkle Bridge, die südlich von Hudson den gleichnamigen Fluß überspannt und zu den Catskill Mountains führt. In weiter Ferne tauchen die Bahnhofsanlagen von Hudson auf. Mr. Young hat bereits den Regler geschlossen. Immer noch mit rasender Geschwindigkeit dahinjagend, nähern wir uns dem Bahnhof. Jetzt greift Young's linke Hand nach dem Bremsventil, die ersten Bremsstöße, das Zischen der entweichenden Luft, das Rauschen der sich an die Räder pressenden Bremsklötze, der rote Zeiger des Valve Pilot bewegt sich langsam rückwärts. Ein Zug kommt uns entgegen, ich mache blitzschnell eine Aufnahme. Die Rangiergleise von Hudson tauchen auf, wir fahren immer noch mit 80 km/h und buchstäblich aus voller Fahrt abbremsend, kommen wir an der vorgeschriebenen Stelle am Nordende des Bahnsteiges zum Halten. Alle drei schauen wir gleichzeitig auf unsere Uhren: Es ist genau 9.34 Uhr. Wir haben es geschafft. „We are on time", stellen wir fest, pünktlich auf die Minute nach dem Fahrplan. Schritte knirschen, der Zugführer kommt vor zur Maschine und spricht dem Meister — wir nennen ihn hier „engineer" oder „hogger" — seine Anerkennung aus. „That was a fine fast run and you never passed the speed limit!" (Das war eine feine, flotte Fahrt und Sie haben niemals die Geschwindigkeitsgrenze überschritten.) Er hatte recht. 65,9 km in 29 Minuten und 30 Sekunden, das ergibt einen Stundendurchschnitt von 134 km/h. Und das mit 19 Wagen von rund 1400 t Gewicht! Vergegenwärtigt man sich, daß wir gleich hinter Poughkeepsie in eine Steigung von 1:80 mußten, die 2$^{1}/_4$ km lang war, und ferner eine Langsamfahrstelle hatten, wo wir auf 80 km/h herunter mußten, daß schließlich die Geschwindigkeitsgrenze von 160 km/h streng respektiert wurde, so ist das eine ganz außerordentliche und seltene Höchstleistung einer Dampflokomotive, die kaum nachgemacht werden kann. Allerdings hatten wir etwas Glück, die Signale waren uns alle günstig gesonnen.

„Nun, was sagen Sie jetzt zur Niagara?" fragt mich Young und zwinkert dabei verschmitzt aus den Augenwinkeln.

„Das macht Ihnen so rasch keiner nach, Meister, das war eine hervorragende Leistung von Mannschaft und Maschine. Sie sind ein Künstler!"

Young lacht bescheiden: „Alles für Sie alten Lokomotivnarren!" —

Während des Haltes springt Mr. Garrity wieder von der Maschine, die Lager nachzufüllen. Kein Heißläufer, alles in Ordnung.

Nächster Halt ist Albany, die Staatshauptstadt, 45,8 km entfernt, die wir in 28 Minuten zu erreichen haben. Es ist 9.37 Uhr als wir das Abfahrtssignal erhalten. Da der Bahnhof in einer S-Kurve liegt, ist der Anfahrwiderstand noch größer. Beim Anfahren mit schweren Zügen schalten Hudson-Lokomotiven hier gewöhnlich den Booster (das Hilfstriebwerk im hinteren Drehgestell) ein, aber wir können keinen einschalten, weil wir keinen haben. Gutes Sanden und Youngs Fingerspitzengefühl beim Öffnen des Reglers helfen auch hier, und wir kommen los ohne zurückzudrücken. Es geht an Wohnhäusern vorbei, die Menschen winken uns zu und sehen uns nach wie lieben Freunden. Nicht nur hier, überall das gleiche Bild. Die Dampflokomotive ist außerordentlich populär in Amerika.

Ich sitze jetzt bequem in meinem Polstersitz und lausche andächtig der lieblichen Blasrohrmusik. Kaum zwei Minuten sind wir unterwegs, und schon haben wir 90 km/h erreicht. Stockport passieren wir im 135-km/h-Tempo. Die Steuerung ist längst auf $^{3}/_{10}$ eingeklinkt, der Regler weniger als halb offen. Die beiden Wasserstandsgläser zeigen immer gleiche, $^{2}/_3$ bis $^{3}/_4$ hohe Wassersäule. Der Stoker arbeitet regelmäßig, gelegentlich stellt ihn Garrity für kurze Zeit ab, um Abblasen zu vermeiden. Der Kesseldruck pendelt zwischen 18,5 und 19,2 atü.

Als wir Newton Hook durchfahren, serviere ich wieder Fruchtlimonaden, diesmal mit Kuchen. Young hat längst nicht mehr die Hand am Regler, nur die Augen ruhen unablässig auf der Strecke und ihren Signalen. Vor allen schrankenlosen Bahnübergängen wird die Dampfpfeife ausgiebig benutzt, eine Eigenart des amerikanischen Bahnbetriebes, er braucht nur an der Leine zu ziehen, die über ihm hängt. Stuyvesant und Schodack Landing werden mit über 140 km/h durchrast. Ich stehe jetzt viel auf der rechten Seite bei Mr. Young und unterhalte mich mit ihm. Manchmal läßt er mich sogar für kurze Zeit auf seinem Platz sitzen, wenn ich fotografieren will.

In Castleton-on-Hudson geht es mit 130 km/h ganz dicht an Wohnhäusern vorbei, über uns ist wieder eine Brücke, die den Hudson überspannt, der hier aber nicht mehr so breit ist. Wir fahren durch Waldungen, dann kommt wieder der Strom in Sicht. Schon nähern wir uns Rensselaer mit seinen ausgedehnten Bahnanlagen. Rensselaer ist eine Vorstadt von Albany, das gegenüber am anderen Ufer des Hudson liegt und dessen Türme und vergoldete Kuppel des Staatskapitols alsbald sichtbar werden. Young schließt den Regler und bremst jetzt gehörig ab, bis wir nur noch mit 25 km/h dahinrollen. Wir passieren gerade ein Signal, das zwei gelbe Lichter zeigt. Neben uns mehren sich die Gleise. Die Uhr zeigt 9.59 Uhr, wir sind noch 900 m von Albany Union Station entfernt. Für die 45 km von Hudson nach Rensselaer haben wir nur 22 Minuten gebraucht, einem Stundendurchschnitt von 122,3 km/h entsprechend. Wir sind also einige Minuten zu früh. Noch langsamer geht es voran, denn das Signal vor uns zeigt Rot über Gelb. Wir kriechen im Fußgängertempo dem Hauptsignal entgegen, das auf Halt steht, Rot über Rot. Links von uns liegt das große Bahnbetriebswerk Rensselaer. Auf der Drehscheibe steht gerade eine J-2 Hudson der Boston & Albany, außer ihr sind noch viele andere moderne Lokomotiven im Bw zu sehen. Unmittelbar hinter dem Signal liegt nach links eine der engsten Kurven, die es bei der NYC gibt, sie führt zur Eisenbahnbrücke über den Hudson River, an deren anderem Ende die Bahnhofsanlagen von Albany anfangen. Diese Kurve darf mit nicht mehr als 16 km/h Geschwindigkeit befahren werden.

Mit einem sanften Ruck kommen wir um 10.03 Uhr am westlichen Ende des Bahnsteiges, 2 Minuten zu früh, zum Stehen. Für die Herren Young und Garrity ist jetzt Feierabend. Lokführer F. Donkhurst und Reservelokführer R. Brownell klettern auf den Führerstand und übernehmen unsere 6012 und ihren Zug für die nächsten 236 km bis Syracuse.

Wir begrüßen uns. Donkhurst und Brownell sind ebenfalls alte Bekannte von mir. Ich bedanke mich aufs herzlichste bei meinen Freunden Young und Garrity für das großartige und unvergeßliche Erlebnis, das sie mir zwischen Poughkeepsie und Hudson bereitet haben, und verspreche, sie in 14 Tagen wieder in Harmon zu treffen. Mr. Donkhurst hat mich aufgefordert, ihn bis Syracuse auf der Lokomotive zu begleiten, und ich kann es nicht übers Herz bringen, eine solche Einladung auszuschlagen.

Nachdem Young und Garrity die Lok verlassen haben, werden die Kohlen tüchtig genäßt und der Boden des Führerstandes ausgespritzt. Dann kommt der Zugführer und meldet, daß der Zug jetzt aus 17 Wagen bestehe und vergleicht seine Uhr mit der des Lokführers. Die Bremsprobe wird wiederholt, da ja die

Für die Rückfahrt benutzte ich eine J-3a Hudson-Lokomotive.

beiden am Schluß des Zuges angehängt gewesenen Kurswagen nach Montreal umgestellt worden sind.

Um 10.12 geht es weiter. Kurz hinter dem Bahnhof Albany liegt die „Geislinger Steige" der NYC, die lange und kurvenreiche West-Albany-Steigung, bei der unsere brave 6012 wieder sehr hart arbeiten muß. Die Steuerung liegt auf $^5/_{10}$ und der Regler steht halb offen, trotzdem kann von einem Vergleich mit der Anstrengung hinter Poughkeepsie keine Rede sein. Um 10.39 Uhr halten wir in Schenectady, dem Geburtsort unserer Lokomotive. 10.41 geht es weiter, die nächsten 126 km bis Utica werden ohne Halt in 75 Minuten durchfahren. Hinter Schenectady wird wieder Wasser genommen. 11.56 Uhr kommen wir in Utica an, 11.59 Uhr geht es weiter. 12.27 Uhr Halt in Rome. Hinter Rome wird abermals Wasser genommen. 12.32 Uhr halten wir in Oneida und 12.44 Uhr in Canastota für je eine Minute. Pünktlich um 1.10 Uhr (13.10) treffen wir in Syracuse ein. Hier übernimmt die dritte Lokmannschaft den Zug bis Buffalo.

Ich bedanke mich und verabschiede mich wieder herzlich von meinen Lokgastgebern und eile zum Bahnhofswaschraum, um mich so gut es geht zu säubern, ich sehe nämlich schwarz aus wie ein Mohr. Danach kommt der Magen im Bahnhofsrestaurant zu seinem Recht. Um 3.00 Uhr (15.00) bin ich schon wieder auf dem Bahnsteig. Zurück geht es mit dem Gegenzug Nr. 96, „Advance Empire State Express", der pünktlich um 3.05 Uhr einläuft, gezogen von einer 2'C 2' h2-„Hudson"-Schnellzuglokomtive der Klasse J-3a. Es ist Nummer 5411. Wieder ist der Lokführer ein guter Bekannter von mir. Als er mich gewahr wird, winkt er schon von weitem und öffnet einladend die Tür zum Führerhaus. Die Lokomotive ist ebenfalls mit dem großen siebenachsigen Weitstreckentender, wie ihn die Niagara hatte, gekuppelt. Der Lokführer erzählt, daß der Zug normalerweise eine Niagara bekommt, die planmäßige Lokomotive Nr. 6005 sei aber für den Hauptzug Nr. 50 beschlagnahmt worden, der infolge Schadhaftwerdens der Diesel mit sehr großer Verspätung von Cleveland her in Buffalo eingetroffen war, und nur eine Niagara imstande sei, wesentlich verlorene Zeit aufzuholen.

„Nun, davon kann ich ein Liedchen singen", gab ich ihm zu verstehen, indem ich ihm mein Erlebnis von heute morgen berichtete.

Um 20.24 Uhr treffe ich wieder in Harmon ein und fast zwei Stunden später bin ich zu Hause. Müde, hungrig und schmutzig, aber sehr „happy"! Es geht sogleich in die Badewanne, worauf ich mich mit Hochgenuß auf das von meiner Frau hergerichtete Abendbrot stürze. —

Die Zeit dieser Riesenlokomotiven ist nun vorbei, und ihre glorreichen Leistungen bedeuten nicht mehr als eine schöne, vielleicht etwas wehmütige Erinnerung. Es heißt immer, daß die Erinnerung ein Paradies sei, aus dem man nicht vertrieben werden könne. Nun, der Gedanke an jene Fahrt auf der Niagara 6012 dürfte es im wahrsten Sinne des Wortes sein.

Der mehr für die Technik begeisterte Leser, der aufmerksam das Fahrterlebnis unseres Autors auf der Niagara-Lokomotive verfolgt hat, wird sich gewiß für die Abmessungen dieser außergewöhnlichen und zugleich letzten und bedeutendsten Schnellzug-Lokomotivkonstruktion der USA interessieren. Sie seien nachstehend aufgeführt und zum Vergleich der Größenverhältnisse den Abmessungen der leistungsfähigsten deutschen Dampf-Schnellzuglokomotive, der Baureihe 01[10] der Deutschen Bundesbahn, gegenübergestellt.

Bauart		Niagara der NYC 2'D 2' h2	BR 01[10] der DB 2'C 1' h3
Zylinderdurchmesser	mm	648	500
Kolbenhub	mm	813	660
Treibraddurchmesser	mm	2007	2000
Steuerung		Baker	Heusinger
Achsstand Lok u. Tender	mm	29 630	20 370
Dampfdruck	kp/cm²	19,3	16
Rostfläche	m²	9,38	3,96
Verdampfungsheizfläche	m²	447,68	193,09
Überhitzerheizfläche	m²	192,58	100,54
Gesamtheizfläche	m²	640,26	293,63
Reibungsgewicht	Mp	124,74	60,4
Dienstgewicht Lok	Mp	213,64	110,8
Größte Zylinderleistung	PS	6690	2350
Tender Wasservorrat	m³	68,1	38
Kohlenvorrat	t	41,7	10
Dienstgewicht	Mp	190,5	81,2

Oben: Aus der großen Dampflokzeit der deutschen Eisenbahnen: Fernschnellzug „Rheingold" noch mit Dampf 1955 bei Langenfeld/Rhld. (Foto: Spielmann)

Unten: Schwerer Güterzug auf der Hochrheinstrecke bei Schaffhausen. (Foto: Wipf)

Schnellzug mit Dampflok BR 01, aus Stuttgart Hbf. ausfahrend. (Foto: Zenz Engel)

Oben: Die Dampfloks BR 10 sind die letzten Neubauten der DB. Hier 10 002 vor D-Zug bei Treysa, Oberhessen, 1964. (Foto: Brüning)

Unten: Umgebaute 01-Schnellzuglok der mitteldeutschen DR in Berlin, 1964. (Foto: Schweichler)

Oben: Personenzug in der herrlichen Allgäulandschaft bei Oberstaufen. Dampflok der BR 38^{10} (Foto: Brüning)

Unten: Nahverkehrszug bei Bleichenbach, Strecke Gießen—Gelnhausen. (Foto: Brüning)

Zahnradbahnen

Von W. Messerschmidt

Was wäre heute die Eisenbahn ohne die Möglichkeit, Berge und Gebirgsmassive zu überwinden? Wie würde sie im harten Konkurrenzkampf mit der Straße dastehen? Neue Straßenbauten werden beinahe leichtfertig finanziert. Für den Bau neuer geradliniger Schienenstrecken bringt niemand das rechte Verständnis auf. Manche deutschen Bahnen winden sich mühsam durch die Landschaft, weil es die alten Länderregierungen vergangener Zeiten oft für angebracht hielten, antiquierte grenzpolitische Gesichtspunkte beim Bahnbau zu berücksichtigen. Mittel- und Hochgebirge taten ein übriges, den Ingenieuren das Leben sauer zu machen. Im vorigen Jahrhundert sannen schon Marsh in Amerika und Nikolaus Riggenbach in Europa darüber nach, mit welchem technischen Kniff größere Steigungen überwunden werden können. Die ersten Modellausführungen, bei denen Fahrzeugantriebe mit Zahnrädern, die in zwischen Gleise verlegte Zahnstangen eingreifen, stießen zunächst auf kein Verständnis. Wir wissen heute, daß der für die Bergwelt begeisterte Tourist manch herrlichen Feriengenuß einer Zahnradbahn verdankt. Aber auch für den Durchgangsverkehr auf Gebirgsbahnen sind Zahnstangenstrecken vor allem in Südamerika und Asien zu bemerkenswerter Bedeutung gekommen. Sicher hat es lange gedauert, bis man bei gewissen Steilrampenneigungen dahinterkam, auch ohne Zahnstange auszukommen. Hierzu waren natürlich erst umfangreiche Versuche mit schweren Reibungslokomotiven notwendig. Die Erprobungen führten zur Erkenntnis, daß im allgemeinen Neigungen über 65 bis 70 $^0/_{00}$ im Reibungsbetrieb nicht mit der gewünschten Sicherheit beherrscht werden können. Selbstverständlich wurde alles getan, um dort, wo irgend möglich, den Zahnstangenbetrieb aufzugeben, denn er stellt nun einmal einen Sonderbetrieb dar, der größere Anforderungen an die Unterhaltung und Verkehrsabwicklung stellt. Trotzdem blieb ein großer Teil stark geneigter Bahnen mit Zahnstangenstrecken erhalten. Die Erschließung der Hochgebirge in der Schweiz, in Österreich, in Chile, in Argentinien und in anderen Ländern ist in starkem Maße dem Bau von Zahnradbahnen zu danken. Die Bedeutung dieser Betriebsart ist nach wie vor unbestritten. Man kann es sich einfach nicht leisten, auf die Zahnstange bei großen Streckenneigungen zu verzichten. Natürlich sind alle bedeutenden Bahnverwaltungen bestrebt, ihren Betrieb neuzeitlichen Erfordernissen anzupassen. In der Schweiz herrscht heute die elektrische Zugförderung vor. Auch Diesel-Schienenfahrzeuge erklimmen mit Hilfe von Zahnstangen größere Höhen und erfreuen sich zunehmender Beliebtheit (Monte Generoso, Honau-Lichtenstein), wenn auch ihr Einsatz nicht überall möglich ist. Auf neueste Dampftriebfahrzeuge werden wir später noch zurückkommen.

Von den zahlreichen in der Gründerzeit verwendeten Zahnradbahnsystemen haben sich nur einige bis in die Jetztzeit behaupten können. Die heute noch gebräuchlichen Zahnstangenbauarten sind diejenigen von Strub, Riggenbach, Abt und Bissinger-Klose (ME). Die Locher-Zahnstange ist erstmals 1885 für die mit der außergewöhnlichen Steigung von 480 °/oo ausgeführten Pilatusbahn in der Schweiz verwendet worden. Sie hat aber sonst keine allzu große Bedeutung erlangt. Die Bauarten Riggenbach (Leiterzahnstange) mit ihren späteren weiteren Varianten sowie diejenige von Abt (Lamellenzahnstange) haben die weiteste Verbreitung gefunden. Beide erfüllen die Bedingungen, welche vom Gesichtspunkt der Herstellung und des Betriebes am besten befriedigen.

Hauptbahnen haben im allgemeinen Neigungen, die 35 °/oo nicht überschreiten. Zu den steilsten *Reibungsbahnen* mit Hauptstrecken-Charakter zählen folgende Linien:

Mexikanische Südbahn, Veracruz—Mexico	40 °/oo
Giovibahn, Italien, Pontedecimo—Bussalla	35 °/oo
Süd-Pazifik-Bahn, Nordamerika, Hornbrook—Ashland	33 °/oo
Französische Südbahn, Toulouse—Bayonne	33 °/oo
Arlbergbahn, Tirol, Landeck—Bludenz	31,4 °/oo
Mont-Cenis-Bahn, Frankreich/Italien, Bussoleno—Modane	30 °/oo
Orléansbahn, Frankreich, Murat—Aurillac	30 °/oo
Manchester—Liverpool, England	27 °/oo
Gotthardbahn, Schweiz, Giornico—Bodio	27 °/oo
Apenninenbahn, Italien, Pistoia—Porretta	26 °/oo
Brennerbahn, Tirol, Innsbruck—Bozen	25 °/oo
Semmeringbahn, Österreich, Gloggnitz—Mürzzuschlag	25 °/oo
Geislinger Steige, Deutschland, Stuttgart—Ulm	23,2 °/oo

Diese wichtigen Bahnen kommen also noch ohne Zahnstange aus, nicht jedoch die in der nachstehenden Übersicht zusammengefaßten Z a h n r a d b a h n e n mit größeren Steigungen:

Bahnen mit Riggenbach-Leiterzahnstange
Kaputanam—Padang—Fort de Kock (Sumatra)
Baujahr 1889, Spurweite 1 067 mm, größte Neigungen 80 °/oo
Kajoe Tanem — Padang Pandjang — Batoe Tabal (Sumatra)
Baujahr 1889, Spurweite 1 067 mm, größte Neigung 70 °/oo
Achensee-Bahn
Baujahr 1889, Spurweite 1 000 mm, größte Neigungen 160 °/oo
Corcovado-Bahn, Brasilien
Baujahr 1890, Spurweite 1 000 mm, größte Neigungen 260 °/oo
Honau—Lichtenstein, Deutschland
Baujahr 1892, Spurweite 1 435 mm, größte Neigungen 100 °/oo
Djamboe—Pingit, Java
Baujahr 1902, Spurweite 1 067 mm, größte Neigung 65 °/oo

Benguela-Bahn (Südwest-Afrika)
Baujahr 1905, Spurweite 1 067 mm, größte Neigung 62,5 %/₀₀

Bahnen mit Abt-Lamellenzahnstange
Bonlan-Paß (Indien)
Baujahr 1887, Spurweite 1 076 mm, größte Neigung 60 %/₀₀
Manitou-Pikes Peak, Colorado
Baujahr 1890, Spurweite 1435 mm, größte Neigung 250 %/₀₀
Usui—Toge Bahn (Japan)
Baujahr 1893, Spurweite 1 067 mm, größte Neigung 66,7 %/₀₀
Centr. North-Rwy. Bolivien
Baujahr 1904, Spurweite 1 000 mm, größte Neigung 60 %/₀₀
Arica—La Paz-Bahn, Chile
Baujahr 1910, Spurweite 1 000 mm, größte Neigung 60 %/₀₀
Aringay—Baguio, Manila
Baujahr 1912, Spurweite 1 067 mm, größte Neigung 120 %/₀₀
Leuk—Leukerbad (Schweiz)
Baujahr 1913, Spurweite 1 000 mm, größte Neigung 160 %/₀₀

Bei der Ausbreitung des Abt-Systems muß ganz besonders die sehr große Zahn-
stangen-Streckenlänge auf südamerikanischen Gebirgsbahnen hervorgehoben werden. Die erste, im Jahre 1910 vollendete Bahnverbindung zwischen Argentinien
und Chile von Buenos Aires nach Valparaiso überschreitet zwischen der argen-
tinischen Bahnstation Mendoza und der chilenischen Station Los Andes auf
rund 280 km Bahnlänge die Anden in einer Höhe von 3 180 m über dem
Meeresspiegel. In dem wilden, stark zerklüfteten Gebirge hätte die Anlage einer
reinen Reibungsbahn unendliche Schwierigkeiten bereitet, während man bei Verwendung von 30 km Zahnstange auf argentinischer Seite und 35 km Zahnstange
auf chilenischem Gebiet mit einer relativ kurzen Streckentrasse auskommen
konnte. Die im Jahre 1913 eröffnete 439 km lange Arica — La Paz-Bahn stellt
die Verbindung zwischen dem chilenischen Hafen Arica und dem bolivianischen
La Paz her. Der höchste Bahnpunkt liegt in 4 237 m Höhe. Durch Anwendung
einer 36 km langen Zahnstangenstrecke ist für das silber-, kupfer- und zinnreiche
bolivianische Hochland eine Verbindung zum Meere erreicht worden, die gegenüber dem früheren Bahnweg Antofogasta — La Paz um 750 km kürzer ist.

Diese Beispiele mögen genügen. Sie lassen bereits erkennen, welche Vorteile
durch Zahnstangenstrecken in unwegsamem Gebirgsgelände erzielt werden. Allein
die Maschinenfabrik Eßlingen lieferte Zahnradlokomotiven oder Zahnstangen in
alle Welt, darunter nach Deutschland, Österreich, Ungarn, Schweiz, Italien, Indien, Portugal, Indonesien, Südafrika, Brasilien, Japan, Argentinien, Chile,
Philippinen und Indochina (Vietnam).

Auch viele andere berühmte Lokomotivfabriken haben Zahnrad-Triebfahrzeuge
hergestellt. Nicht allen ist es gelungen, wie Winterthur, Eßlingen und Florids-

dorf, auf diesem Gebiet einen Spezial-Fertigungszweig mit einem erfahrenen Fachleute-Team zu entwickeln. Die Produktion für solche Sonderfahrzeuge strahlte auch auf andere Werke aus. Wer kennt nicht den Lokomotivkonstrukteur August Meister, der von Eßlingen kam und zu Borsig ging? In Berlin konstruierte man dann selbst Dampflokomotiven für Zahnradstrecken, darunter die preußischen T 26 und T 28 sowie diejenigen für Portugal und die Trans-Andenbahn. Krupp, Jung, Beyer-Peacock, aber auch Krauss stiegen gelegentlich in das Geschäft mit unterschiedlichem Erfolg ein.

Der Konstrukteur für Zahnradlokomotiven hat es im allgemeinen schwerer als sein Kollege von der Reibungsbahn. Zahlreiche Sonderuntersuchungen sind durchzuführen, die den konventionellen Lokomotivbauer nicht bedrücken. Ich nenne in diesem Zusammenhang die sorgfältige zeichnerische und rechnerische Fixierung der Eingriffsverhältnisse für Triebzahnrad und Zahnstange. Der unbefangene Maschinenbauer wird lächeln und bemerken, daß doch gar nichts Besonderes an einer solchen Aufgabe sei. Näher betrachtet, ist es aber eine ziemlich komplizierte Zahnrad-Kraftübertragung, deren Zahneingriffe durch das Federspiel des Lokomotiv-Rahmens wiederholten Höhenwechselspielen unterworfen sind, was weiterhin eine veränderliche Zahnbeanspruchung zur Folge hat. Um dem Umstand des ungleichen Zahn-Eingriffes zu entgehen, wurde nicht selten die Triebzahnrad-Lagerung in einem auf die Reibungsachsen abgestützten Rahmen untergebracht. Jedoch verursacht dann die Radreifen-Abnutzung wiederum einen Unsicherheitsfaktor im Hinblick auf die konstante Eingriffstiefe. Die Einstellung der Lokomotive im Gleisbogen ergibt darüber hinaus noch eine seitliche Verschiebung der Zahnflanken gegenüber der Zahnstange. Man muß also schon einige Gedanken auf die Festigkeit, den Werkstoff und die Oberflächenhärte der Zähne richten. Noch ist das aber nicht genug für den geplagten Konstrukteur. Er muß sich mit der Abstimmung der Dampfmaschine unter Berücksichtigung des Übersetzungsverhältnisses des Zahnradvorgeleges, mit der Theorie und Praxis der Gegendruckbremse und mit der überaus wichtigen Standsicherheitsrechnung befassen. Letztere ist das A und O für die Betriebssicherheit des Zahnrad-Bahnbetriebes überhaupt. Wer einmal auf Grund eines Unfalles die möglichen ungünstigsten Betriebsbedingungen erkunden und danach die Sicherheit der betreffenden Lokomotive gegen Aufklettern und Entgleisen nachrechnen mußte, der weiß ein Liedchen davon zu singen, welche Umstände hierbei eine beachtliche Rolle spielen und dementsprechend im voraus berücksichtigt werden müssen. Sogar die Energien des Wasserschwalles in den Wasserkästen und im Kessel bei plötzlichen Beschleunigungen oder Verzögerungen dürfen nicht vergessen werden! Daß sich übrigens der Schwerpunkt einer mit Wasservorräten versehenen Dampflok auf der schiefen Ebene verlagert, sei nur am Rande erwähnt. In der Standsicherheitsrechnung darf nichts vergessen werden.

Senkrechte Schwingungen beim Lauf der Zahnrad-Dampfmaschine sind mitbestimmend für die Begrenzung der Höchstgeschwindigkeit über der Zahnstange. Sind Zahnstangen-Bahnen umzubauen oder neu anzulegen, muß man einigen

Einzige Möglichkeit des Bahnbaues im Gebirge ist oft die Zahnradbahn mit ihrer Zahnstange.

Geist für die Bestimmung der Zahnstangen-Oberkante über SO aufwenden. Nicht nur das Überfahren von Weichenstraßen im gemischten Reibungs- und Zahnradbetrieb ist in solche Überlegungen einzubeziehen, sondern auch der schienengleiche Straßenübergang. Kein Auto darf mit dem Bodenblech oder seinem Auspuffrohr hängenbleiben!

Verstehen Sie jetzt, warum sich im Zahnrad-Lokomotivbau ein ausgeprägtes Spezialistentum herausgebildet hat?

Während bei Neubeschaffungen von Triebfahrzeugen in der Regel die elektrische oder die Diesel-Traktion den Vorzug erhält, wird in Ausnahmefällen noch auf Dampflokomotiven zurückgegriffen. Einen solchen Spezialfall stellen die Beschaffungen Indonesiens für die Padang-Bahn dar. Die Verwaltung der dortigen Staatseisenbahnen kann sich auf zahlreiche Kohlenvorräte stützen und hat andererseits keine günstige Möglichkeit, Lokomotiv-Personale umzuschulen, sowie wenig verfügbare Mittel, um die Strecken- und Werkstatt-Einrichtungen einer neuen Betriebsart anzupassen. Die Padang-Bahn basiert ohnehin auf dem Steinkohlentransport. Fast ausnahmslos hat sie darin ihre Lebensberechtigung. Die übrigen Eisenbahn-Netze Indonesiens auf Sumatra und Java haben keine direkte Verbindung zu den Strecken um Padang an der Westküste Sumatras, so daß anderweitige Elektrifizierungs- und Verdieselungsvorhaben unabhängig von der „Kohlenbahn" durchgeführt werden können. Die Padang-Bahn ist demzufolge vom sonstigen Netz nahezu isoliert, obwohl Anschlußbahn-Verbindungen seit langem projektiert sind.

Der Entschluß, die Beschaffung von Dampflokomotiven zu bevorzugen, lag daher sehr nahe. Den Bauauftrag erhielt die Maschinenfabrik Eßlingen über Ferrostaal. Eßlingen belieferte bereits vor etwa 40 Jahren das gleiche Land mit schweren fünffach gekuppelten Dampf-Zahnrad-Lokomotiven. Aber auch schon im vorigen Jahrhundert verließen Zahnradlokomotiven für Niederländisch-Indien die schwäbische Lokomotivfabrik.

Bei den neuen Eßlinger Lokomotiven handelt es sich um die übliche Bauart für gemischten Betrieb auf Reibungsbahnen und Strecken mit Riggenbach-Zahnstange. Der bedeutendste Abschnitt des relativ kleinen Netzes führt von Padang an der Küste aus etwa 60 km landeinwärts mit Steigungen bis maximal 12 Promille als Reibungsbahn bis Kajoe Tanem. Dort beginnt die Zahnstange mit einer Länge von ungefähr 15 km, die mit Höchststeigungen von 70 Promille in 773 m Meereshöhe nach Padang Pandjang führt. Anschließend geht es wieder hinunter bis auf 371 m Seehöhe nach Batoe Tabal. Die ganze Bahn mit Abzweigung, auf der auch die Neigung von 80 Promille vorkommt, ist ab 1889 in Kapspur angelegt und mit Eßlinger Lokomotiven 1891 in Betrieb genommen worden. Auf der Reibungsstrecke werden die Lokomotiv-Achsen durch ein normales Zwillingstriebwerk angetrieben, wobei der Abdampf nach Verlassen der Reibungstriebwerk-Zylinder durch das Blasrohr entweicht. Auf der Zahnstangenstrecke wird das Zahnrad-Triebwerk zugeschaltet, wobei beide Triebwerke zusammen im Verbundsystem arbeiten. Die Reibungsmaschine bildet den Hochdruck-, die Zahnradmaschine den Niederdruckteil. Die Übersetzung des Zahnrad-Triebwerkes verursacht einen schnelleren Lauf des Innentriebwerkes, so daß bei gleichen Zylinderabmessungen die Kolben der Zahnrad-Maschine mehr als das doppelte Hubvolumen bestreichen als diejenigen der Reibungsmaschine. Bei gewöhnlichen Verbundlokomotiven muß man den Hubvolumen-Unterschied bekanntlich durch verschiedene Zylindermaße herstellen. Um den Leerlauf der Reibungsmaschine zu gewährleisten, wurde an jedem Einströmrohr ein selbsttätiges Zylindersaugventil angeordnet. Die Wirkung der Riggenbach-Gegendruck-Bremse wird dadurch nicht beeinträchtigt, weil der im Einströmrohr gebildete Luftdruck das Ventil schließt.

Die Abstimmung der Kessel-Heizflächen hatte man mit Rücksicht auf den Giesl-Flachejektor vorgenommen. Um die wärmewirtschaftlichen Vorteile dieser neuen Saugzuganlage auch wirklich zu nutzen, erschien eine gewisse Neu-Aufteilung der Kessel-Maße gegenüber den früheren Lokomotiven ratsam. Man erhofft sich nun, nachdem der konventionelle Schornstein durch Dr. Giesls Ejektor mit hohem „Pumpwirkungsgrad" und geringem Wandreibungsverlust ersetzt wurde, eine günstigere Kesselausnutzung.

Obwohl die Auftraggeberin kein gegenüber den alten Lokomotiven gesteigertes Leistungsprogramm forderte, war man sich darüber einig, daß unter Beachtung rationeller Fertigungsmethoden neue Werkstatt-Zeichnungen aufzustellen sind.

Die dem Angebot zugrunde liegenden rechnerischen Zugkräfte betragen im Reibungsbetrieb 8900 kg (bei 0,6p) und im kombinierten Reibungs- und Zahnradbetrieb 16 000 kg (bei 0,5p). Es kommen gewöhnlich Beförderungen von Kohlenzügen mit 180 t Gewicht auf 50 Promille Steigung mit rund 14 km/h Geschwindigkeit und 100-t-Züge auf 80 Promille mit 10 km/h in Betracht.

Die folgenden Hauptdaten der Eßlinger Lokomotiven E 10.51 bis E 10.54 (Baujahr 1964, Fabriknummern 5306 bis 5309) verdeutlichen die Gesamt-Konzeption der wahrscheinlich letzten Dampflokomotiv-Konstruktion überhaupt:

Zylinderdurchmesser (Reibungs- u. Zahnradtriebwerk)	450 mm
Kolbenhub (Reibungs- u. Zahnradtriebwerk)	520 mm
Kuppelraddurchmesser	1000 mm
Teilkreisdurchmesser des Triebzahnrades	975 mm
Übersetzungsverhältnis des Vorgeleges	406:829
Kesseldruck	14 kg/cm²
Rostfläche	1,85 m²
Verdampfungsheizfläche fb.	77,40 m²
Überhitzerfläche	24,12 m²
Leergewicht	45,1 t
Dienstgewicht (1/1 Vorräte)	56,4 t
Wasservorrat	6 m³
Kohlevorrat	2 t
Höchstgeschwindigkeit (Reibungsstrecke)	50 km/h
Höchstgeschwindigkeit (Zahnstangenstrecke)	15 km/h
Kleinster befahrbarer Gleisbogenhalbmesser	100 m

Die Lokomotiven haben 3 voneinander unabhängige Bremssysteme: Auf die angetriebenen Achsen wirkt eine Klotzbremse normaler Bauart, auf die Bremstrommeln des Zahnradtriebwerkes dagegen eine Bandbremse. Zur normalen Betriebsbremsung bei Talfahrt in starkem Gefälle, insbesondere auf den Zahnstangen-Abschnitten dient die bereits erwähnte Gegendruckbremse Bauart Riggenbach, bei der durch die Zylinder Luft angesaugt, komprimiert und über ein Drosselventil wieder ausgestoßen wird. Ein Umschaltschieber im Zylinderblock sorgt dafür, daß die Luft direkt von außen angesaugt wird, wobei das Blasrohr abgeschlossen ist. Die Klotzbremse kann wie seither durch eine Hardy-Luftsauge-Bremse betätigt werden, und zwar mit etwa 60 % Abbremsung des Lokomotivgewichtes. Sie kann auch durch eine Schraubspindel mit etwa 50 % Abbremsung von Hand angezogen werden. Die Bandbremse für das Zahnrad wird durch eine Handbremse betätigt.

Zahnradbahnen sind auch heute noch modern. Und nicht nur das, sie werden auch in Zukunft noch aktuell bleiben. Neue Triebfahrzeuglieferungen aus der Schweiz und Deutschland beweisen das.

Viele neue Konstruktionen erreichen ein Optimum; bei anderen sind nur Verbesserungen im Detail vorgenommen worden. Im Vordergrund der Überlegungen stehen einerseits die Leistungssteigerung der vorhandenen Anlagen und andererseits eine wirtschaftlichere Betriebsabwicklung.

Wir können abschließend eine ruhigere, aber durchaus gesunde Entwicklung des Zahnradbahnbetriebes feststellen.

Große und kleine Merkwürdigkeiten

Für unsere Urgroßväter wird wohl die Eisenbahn selbst die größte Merkwürdigkeit gewesen sein, denn die Zeugnisse aus der Tagespresse von anno dazumal legen beredt Zeugnis ab, wie sonderbar die ganze Eisenbahngeschichte diesen und jenem Zeitgenossen vorgekommen sein muß. Vieles aus jenen ersten Tagen, als die Welt sich anschickte, ein neues Gewand anzulegen, ist aber tatsächlich merkwürdig gewesen, und wenn der weise Ben Akiba im Morgenlande gesagt haben soll, es sei alles schon einmal dagewesen, so hat er in Sachen Eisenbahn bestimmt nicht recht, denn fast alles, was damals aufkam, war nämlich noch nicht da. Viele dieser Neuerungen erwiesen sich zwar als recht kurzlebig, vieles verschwand schon wenige Augenblicke nach seinem Entstehen und manches kam selbst den Zeitgenossen lächerlich vor.

Von diesen Einmaligkeiten und Kuriositäten soll hier die Rede sein.

Das, was wir heute als Technik bezeichnen, führte damals — also zu Beginn des vorigen Jahrhunderts — diese Bezeichnung noch nicht. Es gab gar keine Technik, es gab Handwerker, Schmiede, Schlosser, Feilenhauer, Wagner und wie sie alle hießen. Und dann gab es noch einen Beruf, der ganz im Gegensatz zu heute damals eine große Rolle gespielt hat, der des „Mechanikus". Das war der Allerweltsreparateur, der kaputte Uhren in Gang setzte, Spieldosen reparierte, Wasserkünste baute und auch die ersten Lokomotiven zusammensetzte. Der Mechaniker mag ein Urahne unseres heutigen Ingenieurs gewesen sein. Jedenfalls haben

Zahnradbahnen, ein besonderes Kapitel des Eisenbahnwesens. Bei der an Sumatra gelieferten Eßlinger Zahnradlok sind beide Triebwerke gut zu erkennen. (Foto: MF Eßlingen)

Streckenbild von der Chilenischen Longitudinalbahn. Die 1D1-Zahnradlokomotive schiebt den Zug die Steigung hinauf. (Foto: MF Eßlingen)

Güterzug auf der Transandino-Bahn, Lokomotive für gemischten Reibungs- und Zahnradbetrieb. (Foto: MF Eßlingen)

Die Schneeberg-Zahnradbahn der ÖBB, aufgenommen im Bahnhof Baumgartner. (Foto: Griebl)

Elektrische Zahnradbahn der Strecke Usui—Toge in Japan. (Foto: MF Eßlingen)

Expreß-Zug der SNCF, geführt von Dampflok der BR 241 P, verläßt den Bahnhof Belfort.
(Foto: Tausche)

Expreß Paris—Basel, geführt von moderner Diesellok der SNCF. (Foto: Tausche)

wir den Tüftlern in diesem Beruf vielerlei Erkenntnis und Fortschritt zu verdanken.

Freilich, die Anschauungen waren mitunter recht skurril. Als Johann Friedrich Krigar, Inspektor bei der Berliner Eisengießerei, im Jahre 1816 die allererste deutsche Lokomotive zusammenbastelte, da war das schon mehr als Tüftelei, fehlten doch sogar die primitivsten Kenntnisse und Erfahrungen. Wundern wir uns also nicht, wenn wir uns die Rezeptur der Masse betrachten, mittels welcher der Kessel abgedichtet werden sollte. Neben Unmengen von Leinwand und Hanf waren unter anderen Ingredienzien auch ein Kübel Rindsblut, zwei Stück Käse und 10 Pfund Mehl vorgeschrieben. Ein jeder mag sich selbst ausmalen, welch herrlichen Kleister die Mixtur ergeben haben muß.

Allgemein zeichnen sich diese ersten Eisenbahnjahre durch mancherlei Besonderheiten aus, zum Beispiel, als man noch überlegte, wo eigentlich der Lokomotivführer seinen Platz haben sollte. Das Führerhaus wurde nicht nur nach hinten, auch nach vorn und sogar in die Mitte auf den Kessel verlegt wie bei den amerikanischen „camels". Lokomotiven mit vornliegendem Führerstand tauchten in den letzten Jahrzehnten wieder auf, so die deutsche 05 003-Dampflok, 1937 von Borsig gebaut, oder die riesigen Mallet-Maschinen der Southern Pacific-Bahn. Diese „verkehrt herum" fahrenden Lokomotiven bieten zunächst einen verblüffenden Anblick.

Daß die Lokomotiven zu Anfang Namen wie heutzutage die Schiffe führten, ist allgemein bekannt. Weniger bekannt ist aber, daß die Leipzig—Dresdener Bahn 1837 auch ihren Wagen erster Klasse Namen gegeben hatte wie Tell, Franklin, Blücher, Kaiser Joseph, Friedrich der Große usw. Die Bahn hat diese Wagen in eigenen Werkstätten bauen lassen, die unter Leitung des Engländers Woosdell standen. Eine Zeitungsnotiz aus dem Jahre 1840 macht uns weiterhin auf die „Novität" aufmerksam, daß die Leipzig—Dresdener Bahn mit heißem Sand gefüllte Holzkästen für die Heizung der Wagen erster und zweiter Klasse eingeführt hat.

Mit der Klassifizierung war das damals überhaupt so eine Geschichte. Man lebte ja im Zeitalter des Obrigkeitsstaates, die Menschheit war in Klassen eingeteilt, man schlitterte schon von Geburt aus in eine hinein, aus der es nur schwer war, wieder herauszukommen. Wer also als „armer Leute Kind" auf die Welt gekommen war, mußte mit der vierten Wagenklasse verlieb nehmen (es gab sogar Bahnen mit 5 Wagenklassen), sofern er überhaupt die Moneten zusammenbekam, sich ein „Billet" zu lösen. Diese niedrigste Wagenklasse bestand aus offenen Fahrzeugen ohne Bänke. Nun, allzu gefährlich, wie wir uns die Sache ausmalen, war eine Reise allerdings nicht. Die Geschwindigkeit war gering. Man heizte damals noch mit Koks, der bekanntlich rauchlos verbrennt. Die Gefahr, nach der Reise schwarz wie ein Mohr den Bahnsteig zu verlassen, tauchte erst auf, als man zur Kohlen- und Torffeuerung überging. Nur der Funkenflug aus dem Schornstein konnte argen Schaden anrichten. Fügen wir hier zur Ergänzung eine Notiz der „Tante Voss", der Vossischen Zeitung, vom 24. 7. 1840 an, die lautet:

Von den alten Stehwagen 4. Klasse zu unseren modernen Zügen ist ein weiter Weg.

„Gestern waren auf der Taunusbahn zum ersten Mal Wagen 5. Klasse, die gänzlich offen sind und für die der Platz bis höchstens auf 6 Kreuzer gestellt ist, in Gebrauch."

Rechnen wir einmal den Preis nach heutigem Gelde um. Der Gulden war damals 1,71 Goldmark wert und zählte 60 Kreuzer. Für einen Kreuzer bekam man also knapp 3 Pfennige, das macht für den Stehplatz den erschwinglichen Preis von 17 Pfennigen aus. Freilich, wie viele Leute gab es damals, die noch nicht einmal diese 17 Pfennige für einen Stehplatz im Eisenbahnzuge besaßen. Das Wirtschaftswunder war noch nicht erfunden und die sogenannte „gute alte Zeit" wies leider einige arge Schönheitsfehler auf.

In der Vossischen Zeitung ist überhaupt mancherlei zu lesen, was uns heute ein Lächeln entlocken will. Die Presse brachte damals noch spaltenlange Berichte über das neue Verkehrsmittel. Man nahm am Schicksal jeder einzelnen Lokomotive regen Anteil, und so erfuhren denn die Berliner am 26. 4. 1839 folgendes:

„Bei der Dampfwagenfahrt am 20. April ist ein Rohr an der Lokomotive ‚Iris' in der Machnower Heide leck geworden. Der ‚Merkur' kam in 16 Minuten und schob sodann den Zug nebst der ‚Iris' bis zum Lichterfelder Berge, woselbst der von Berlin abgesandte Dampfwagen ‚Adler' sich vorspannte."

Interessant ist, daß damals die Fachleute noch nicht einhellig von den Vorzügen der Dampflokomotive überzeugt waren. Jahrelang spukte die sogenannte atmosphärische Eisenbahn in den Köpfen der Techniker herum. Das war eine recht komplizierte Geschichte. Der dänische Erfinder Medhurst war der geistige Vater der Angelegenheit. Er hielt den Betrieb mit diesen schwerfälligen Dampfungetümen für viel zu umständlich und schlug vor, in der Mitte zwischen den Schienen eine Röhre zu verlegen. In dieser Röhre sollte mittels Druckluft ein Kolben hin und her bewegt werden, mit diesem wiederum war der Wagen über eine Zugvorrichtung verbunden. Saugte man nun aus dieser Röhre vor dem Kolben die Luft mittels einer am Ende der Strecke fest eingebauten Betriebsmaschine ab, so mußte der Kolben und mit ihm der angehängte Wagenzug in Bewegung kommen. Die Schwierigkeit bestand nur darin, daß die Röhre ja oben oder an der Seite einen Schlitz haben mußte für die am Kolben hängende Zugvorrichtung. Der Schlitz durfte sich aber nur unmittelbar vor dem Kolben öffnen und mußte sich unmittelbar hinter ihm wieder schließen. Heute wird mancher Leser über diese komplizierte Angelegenheit lächeln, aber die Engländer Clegg und Samuda haben im Jahre 1838 tatsächlich eine brauchbare Konstruktion für den Längsschlitzverschluß gefunden. Hiernach bestand die Verschlußkappe für den auf der oberen Seite angebrachten Längsschlitz aus einem durchlaufenden Streifen starken Leders, der an der einen Langseite mittels einer besonderen Klemmvorrichtung festgemacht war und vermöge seines eigenen Gewichtes das Bestreben hatte, sich stets in den Schlitz einzulegen.

Sachen gibt es, die gibt es gar nicht, möchte man sagen. Weit gefehlt, die atmosphärische Eisenbahn hat es gegeben. Im Jahre 1839 wurde bei Wormwood-Scrubs in England die erste kleine Versuchsstrecke angelegt und im Jahre 1844 zwischen Kingstown und Dalkey eine richtige Eisenbahnstrecke als Verlängerung der Lokomotivbahn Dublin — Kingstown in Betrieb genommen. Ihre Länge betrug 2,7 km mit Steigungen bis 1:75. Die gußeisernen Röhren waren 38 cm dick und aus 3 m langen Stücken zusammengesetzt, der Längsschlitz besaß den Cleggschen Lederklappenpatentverschluß.

Eine große Pumpmaschine sorgte für den nötigen Sog, allerdings wurde die Bahn nur in einer Richtung betrieben, nämlich bergauf. Bergab ließ man die Züge mittels der eigenen Schwerkraft rollen, nachdem die Zugvorrichtung aus dem Kolben ausgeklinkt war.

Heute wundert es uns nicht, wenn der Betrieb nicht befriedigte, genausowenig wie bei den übrigen drei atmosphärischen Bahnen, die es gegeben hat, zwei davon in England und eine in Frankreich, denn keine hat das Jahr 1850 überdauert. Später sind dann nochmals Vorschläge aufgetaucht, den ganzen Zug in eine Röhre zu verlegen und mittels Druckluft als so eine Art Rohrpost zu treiben, übrigens sogar noch im Jahre 1965 in den USA bei Überlegungen, wie man der dortigen Verkehrsmisere abhelfen könne.

Nun, auch solche Druckluftbahnen hat es bereits gegeben, erstmals im Jahre 1863 in London als Paketbahn mit 1½ m dicken Rohren. Auch der Beförderung von Personen mit der Druckluftbahn ist man nicht aus dem Wege gegangen. Im Jahre

1864 wurde im Park des Sydenham-Kristallpalastes ein 3 m hoher, 2,75 m breiter und 548 m langer gemauerter Tunnel angelegt, der teilweise scharfe Krümmungen und Steigungen von 60⁰/₀₀ besaß. Durch diesen Tunnel lief ein Gleis und auf diesem ein 30 Personen fassender Wagen, der hinten einen Rahmen in den Maßen des Tunnelprofils trug und mittels eines bürstenähnlichen Ansatzes vollständig nach hinten abdichtete. War der Wagen in den Tunnel eingefahren, dann begann eine mächtige Gebläsemaschine zu fauchen und drückte den Wagen innerhalb von 50 Sekunden durch den Tunnel hindurch. Bei der Rückfahrt wurde die Luft einfach abgesaugt und der Wagen rollte an seinen Startplatz zurück.

Obwohl die Sache funktionierte, ist es bei dieser einen Ausführung geblieben. Hingegen wurde Druckluft als Antrieb für Lokomotiven mehrfach angewandt, zuallererst beim Bau des Gotthardtunnels, wo man eine kleine zweiachsige Tenderlokomotive mit Druckluft statt mit Dampf betrieb. In Bergwerken und Pulverfabriken wurden später mehrfach derartige Maschinen verwandt, auch die Pariser U-Bahn hat sie besessen. Ja, eine der ersten deutschen Diesellokomotiven, die von der MF Eßlingen im Jahre 1925 gebaute V 32 01 wurde mit Druckluft betrieben. Der Dieselmotor erzeugte durch einen mit ihm gekuppelten Kompressor hochgespannte Luft, die wie bei der Dampfmaschine in Zylindern Arbeit leistete und über Treibstangen die Räder antrieb.

Irgendwie liefen diese alten Versuche ja alle darauf hinaus, die damals wegen ihres besonders geringen Wirkungsgrades bekannte Dampflokomotive durch wirtschaftlichere Bauarten zu ersetzen. In dieses Gebiet gehören auch die Versuche, die man später mit Gaslokomotiven anstellte.

Als die Elektrizität aufkam, entstanden eine Reihe Vorschläge, die neue Energie ohne großen Aufwand für die Eisenbahn nutzbar zu machen. Die einen wollten mittels elektrischer Heizwände das Wasser im Kessel der Lokomotive heizen — eine elektrothermische Lokomotive. Andere hatten vor, mit der Dampfmaschine einen Generator zu kuppeln, der Strom für elektrische Fahrmotoren erzeugt. Nach diesem letzteren Prinzip arbeitete die berühmte Heilmann-Lokomotive von 1896, deren Kessel auf einem großen Brückenträger ruhte, der sich auf zwei vierachsige Drehgestelle stützte. Mit der Welle der sechszylindrigen Dampfmaschine waren zwei parallel geschaltete Gleichstromgeneratoren gekuppelt, die den Strom für die acht Fahrmotoren von je 125 PS lieferten. Die Maschine vermochte 100 km/h Geschwindigkeit zu erreichen. So geistreich ihr Entwurf auch war, das Prinzip konnte erst zum Ziele führen, als man die Dampfmaschine durch einen Dieselmotor ersetzte. So ist die Heilmann-Lokomotive ein Vorläufer unserer heutigen dieselelektrischen Lokomotiven. Sie zeigt uns aber, daß es zu allen Zeiten Wissenschaftler und Techniker gegeben hat, welche die kommende Entwicklung klar vorausgesehen haben, aber an der technischen Unzulänglichkeit der gegebenen Möglichkeiten scheiterten.

Es ist schon ein eigenes Ding um die Merkwürdigkeiten des Schienenstranges. Die Zahl der Versuche, die man angestellt hat, dieses oder jenes Ziel zu erreichen, ist so vielfältig, daß sich ein ganzes Buch allein mit diesen Besonderheiten füllen ließe. Denken wir beispielsweise an den Turbinen- oder den Einzelachsantrieb von Dampflokomotiven.

Aber nicht nur die Fahrzeuge mußten mancherlei über sich ergehen lassen, nein, schon frühzeitig gab es Techniker, die mit dem ganzen Eisenbahnprinzip nicht einverstanden waren, denen von zwei Schienen eine zuviel erschien und die meinten, nur die Einschienenbahn sei das Verkehrsmittel der Zukunft. Selbst heute sind die Meinungen noch geteilt, und die Alwegbahn des Schweden Wenner-Green wird in ihrem Wert und ihrer Bedeutung unterschiedlich beurteilt, obgleich sie im Vergleich zu ihren Vorläufern eine technisch ausgereifte Anlage darstellt.

Der französische Ingenieur Lartigue gründete im Jahre 1884 eine Studiengesellschaft für den Betrieb von Einschienenbahnen. Sein System sah eine einzelne Fahrschiene vor, die auf Stützböcken ruhte. Die Seitenholme dieser Stützböcke trugen seitliche Führungsschienen, die das Schwanken der rittlings auf der Fahrschiene laufenden Fahrzeuge verhindern sollte.

Einschienenbahnen der Bauart Lartigue sind seit 1885 mehrfach ausgeführt worden und besaßen etwa 100 km Streckenlänge. Besonders bekannt sind ein Versuch aus Algier sowie die Listowel-Bahn in Irland geworden, eine 16 km lange Anlage, die 1887 in Betrieb ging. Die Bahn wurde mit Dampflokomotiven betrieben, die aus Gleichgewichtsgründen Doppelkessel besaßen, aber auch Lokomotiven mit einfachem Kessel wurden verwandt. Die Alwegbahn in der Fühlinger Heide bei Köln und die Tokioter Schnellbahn unserer Tage besaßen also schon vor Jahrzehnten brauchbare Vorläufer. In den USA versuchte man sich an der Lehmannschen Einschienenbahn, nach deren Prinzip der Ingenieur Tunis eine eigene Versuchsanlage bei Baltimore baute. Die Schwierigkeit bei der Einschienenbahn liegt ja darin, die Fahrzeuge im Gleichgewicht zu halten. Tunis ordnete rechts und links vom Wagendach Gleitleisten an, die an zu beiden Seiten der Strecke aufgestellten Jochen vorbeischleiften. Auch hier trieben Dampfmaschinen, die mit Petroleum geheizt wurden, den Zug. Während diese Versuche aus den Jahren 1903 und 1905 stammen, gehört die Wuppertaler Schwebebahn, 1903 entstanden, ebenfalls zu den Einschienenbahnen, wenn auch die Wagen sozusagen hängend auf der Schiene laufen. Immerhin hat sich dieses System bis zum heutigen Tage bestens bewährt, und es ist noch nie zu einem größeren Unfall gekommen. Das sind jedoch alles — mit Ausnahme der Schwebebahn — unechte Einschienenbahnen, denn sie benutzen Stützvorrichtungen. Um eine echte Einschienenbahn im Gleichgewicht zu halten, ist ein rotierender Kreisel notwendig. Ob es hier noch einmal zu einer brauchbaren Anlage kommen wird?

Ist bei all diesen Versuchen ein praktischer Zweck und Nutzen ohne weiteres erkennbar, so gibt es aber auch eine ganze Reihe Projekte, die ins Gebiet der Phantasie gehören und manchmal ein wenig an Eulenspiegelei grenzen. Wir wissen heute noch nicht genau, ob sich mancher Ingenieur ein kleines Späßchen mit seinen Zeitgenossen erlauben wollte.

So wissen wir nicht, inwieweit Vorschläge ernst zu nehmen waren, Schiffe auf Güterwagen zu verladen und mittels überdimensionaler Eisenbahnanlagen sozusagen dort, wo eine Wasserverbindung fehlt, über das Land von einem Meer zum andern zu fahren. Bei Durchführung dieser Idee hätte man getrost das viele Geld für den Bau des Suez- oder des Panamakanals sparen können. Die Welt ist um eine technische Sensation ärmer, so glaubten es wenigstens die geistigen Väter derartiger Projekte. Nun, die Geschichte ist dennoch ausgeführt worden, nämlich beim osterländischen Kanal in Ostpreußen, dessen Höhenunterschiede dadurch überwunden werden, daß das Schiff auf einen Wagen gesetzt wird und über den Berg nach dem höher oder tiefer gelegenen Kanalbett befördert wird. Nun ist in diesem Fall die Bezeichnung Schiff für die kleinen „Äppelkähne", die dort befördert werden, etwas hochtrabend. Immerhin, die Anlage hat bis in die Gegenwart hinein einwandfrei funktioniert.

Solange es die Eisenbahn gibt, ist leider die Möglichkeit eines Unfalles nicht ausgeschlossen. Gleich zu Beginn des Eisenbahnzeitalters wirbelten denn auch einige Unglücke sehr viel Staub auf. Gegen diese Gefahr ist ja keines unserer Verkehrsmittel gefeit, wir können jedoch nicht ohne Stolz feststellen, daß die Eisenbahn heute zu den sichersten Verkehrsmitteln überhaupt gehört und Unfälle meist eine Verkettung unglücklicher Zufälligkeiten sind. In jener alten Zeit waren jedoch die Sicherheitsvorkehrungen bei weitem noch nicht so ausgebaut wie heute, und menschliches Versagen blieb eine häufige Ursache von Störungen. Sehr viel Phantasie wurde deshalb aufgewendet, Vorrichtungen zu erfinden, welche insbesondere Zusammenstöße — deren Folge fast immer katastrophal sind — zu vermeiden. Da wurde in einem Seebad bei New York allen Ernstes eine Vorrichtung gezeigt, wie ein Zusammenstoß nachhaltig vermieden werden kann. Über die Dächer aller Wagen eines Zuges laufen von vorn nach hinten Schienen von gleicher Spurweite wie das Hauptgleis. Sie reichen als eine Art Rampe bis auf dasselbe herab. Kommt nun ein anderer Zug entgegen, so steigt dieser einfach auf das über den ersten Zug hinweglaufende Gleisstück auf, fährt über den Zug hinweg und setzt anschließend, nachdem er wieder auf seiner ursprünglichen Bahn gelandet ist, seine Reise fort, als wäre nichts gewesen. Das war schon genial erdacht! So etwas konnte nur in Amerika, dem Lande der bekanntermaßen unbegrenzten Möglichkeiten erfunden werden. Die Karikaturisten haben sich später ähnlicher Projekte angenommen, wie denn die Zeichner aus unseren Witzzeitschriften sich als sehr fähige Erfinder und Konstrukteure von allerlei genialen Dingen erwiesen haben.

Leider gibt es immer noch keinen hundertprozentigen Schutz gegen einen Eisenbahnunfall, trotz der induktiven Zugsicherung und der Sicherheits-Fahrschaltung, doch zwei sehr bewährte, wirkungsvolle Instrumente, denen wir schon viel Gutes zu verdanken haben. Selbst wenn man in Zukunft die Züge vollautomatisch fahren lassen wird, irgendwann kommt einmal der Zeitpunkt, wo auch die Automatik versagt und das Unheil seinen Lauf nimmt.

Ein Eisenbahnunglück gehört leider zu den makabersten Merkwürdigkeiten des Eisenbahnwesens. Wir wollen aber trotzdem einmal einige Unfälle erwähnen, die wegen ihrer Verkettung tragischer Umstände oder Zufälle besonderes Interesse finden, denn oft ist bei aller Tragik, die mit jenen Katastrophen verbunden ist, auch ein Quentchen Groteske dabei.

Die Eisenbahn war kaum geboren und hatte ihre ersten Schritte zurückgelegt, da brach auch schon das Verhängnis herein. Meist war es zu Anfang zu schnelles Fahren, wie bei jenem ersten Unglück bei Versailles, wo eine 1 A-Lokomotive, also eine mit nur einer Lauf- und einer Treibachse versehene Maschine, ins Nicken kam und zusammenbrach. Derartige Unfälle waren besonders schwer, weil ja die leicht gebauten Holzwägelchen keinerlei außergewöhnlichen Beanspruchungen standhielten. Viele Passagiere wurden durch Holzsplitter verletzt, und die Wagen gerieten in Brand. Unsere heutigen Ganzstahlwagen gewähren uns ein weitaus größeres Maß an Sicherheit, es hat sich bei Unfällen in den letzten Jahren gezeigt, daß nach Ausscheiden der Holzwagen die Zahl der Opfer erheblich zurückgegangen ist. Deshalb sind Holzwagen, wo sie noch in Betrieb stehen, für schnelle Züge nicht mehr zugelassen.

Entgleisungen und Zugzusammenstöße stehen im Vordergrund der Unfallstatistik, Pulverexplosionen und Feuer spielen gleichfalls eine Rolle, besonders in Nordamerika, wie überhaupt die dortigen Bahnen besonders während der Pionierzeit eine ganze Reihe schwere Unfälle zu verzeichnen haben. Eine schreckliche Katastrophe ereignete sich am 24. Juni 1881 auf der mexikanischen Morelosbahn, wo bei einem Brückeneinsturz durch Entzünden von Spiritus ein ganzer Zug mit allen Fahrgästen umkam. Von den 214 Passagieren konnte nicht ein einziger gerettet werden. Brückeneinstürze waren übrigens eine häufige Unfallursache. Manchmal unterspülte Hochwasser die Brückenpfeiler, oder der Baugrund gab nach. Auch hier erreicht die Unfallziffer in den Vereinigten Staaten eine einsame Höhe, nun, kein Wunder, wenn man betrachtet, welcher Art Brükken das waren, die man dort über tiefe Täler und reißende Flüsse baute, gab man sich doch meist mit einer einfachen Holzkonstruktion zufrieden. Manche Brücken waren derart wacklig, daß der Zug noch nicht einmal in langsamem Tempo hinüberfahren durfte. Die Lokomotive mußte abgehängt werden, rollte im Schneckentempo allein bis zur Brückenmitte, hielt dort an, bis die hin- und herschwingende Brücke sich ausgependelt hatte und legte daraufhin den Rest des Weges zurück. Der Zug wurde dann von einer Schiebelokomotive langsam über die selbstmörderische Konstruktion gedrückt, wobei mehr als einmal der ganze Laden zusammenkrachte. Aber mit der dem Yankee eigenen Unbekümmertheit nahm man diese Dinge eben hin und freute sich, wenn man noch einmal davongekommen war. Noch im Jahre 1882 sind im amerikanischen Westen 38 solcher Brücken zusammengebrochen, im Jahre 1881 waren es sogar 44 Stück. Unter den letzteren befand sich allerdings auch die Missouribrücke bei St. Charles, eine große Eisenkonstruktion, von der ein 94 m weit gespanntes Feld am 18. 12. 1881 unter einem darüberfahrenden Zug zum Einsturz kam. Heute kann natürlich davon keine Rede mehr sein. Die Brücken in den USA sind genauso stabil und sorgfältig gebaut wie diejenigen Europas. Pionierleistungen von solch gigantischen Ausmaßen wie die Erschließung des nordamerikanischen Kontinents durch die Eisenbahnen sind wohl ohne Opfer nicht möglich. Wenn natürlich ein Zug ausgerechnet auf einer Brücke entgleist, wie es am 10. 8. 1887 auf der Toledo-, Peoria- und Western-Eisenbahn bei Chatsworth geschah, dann kann man allerdings nicht der Brückenkonstruktion die Schuld geben. Hier waltet schon ein nicht vorausschaubares Verhängnis. 85 Tote und 250 Verletzte waren damals die traurige Bilanz.

Wohl das am meisten von Tragik umwitterte Unglück dieser Art war der Einsturz der Brücke über den Firth of Tay in Schottland während einer Sturmnacht am 20. Dezember 1879, besonders tragisch deshalb, weil hier ein Versagen höherer Art vorlag, das man dem Konstrukteur nur bedingt als Schuld vorwerfen kann. Die Riesenbrücke war erst ein Jahr vorher fertiggestellt worden, sie war teilweise aus dem berüchtigten Gußeisen hergestellt, über dessen Eigenschaften man damals noch nicht genau unterrichtet war. Die Brücke wies in ihrem Mittelteil 13 mit Gitterträgern überspannte Öffnungen von je 30 m Spannweite auf. Die Träger ruhten auf gußeisernen, bis 25 m hohen Röhrenpfeilern. Diese Pfeiler waren zu schwach verstrebt und hielten der gleichzeitigen Belastung durch den Winddruck während eines schweren Orkans und der durch den darüberfahrenden Zug entstehenden Schwingungen nicht stand. Sämtliche Überbauten des Mittelteiles stürzten mitsamt dem Zuge in die Tiefe. Zum Glück war der Zug nur schwach besetzt, dennoch kamen sämtliche Passagiere und Beamten, 90 an der Zahl, ums Leben.

Dieser Unfall ist durch den Dichter-Ingenieur Max Eyth in packender Weise beschrieben worden. Wir erleben beim Lesen die ganze Dramatik der Situation noch einmal mit. Die Telegrafenverbindung zum anderen Brückenufer ist abgerissen, der Erzähler geht mit dem Brückenwärter auf die Brücke hinaus um nachzuschauen, was geschehen ist. Nur mit Mühe und Not können sich die beiden Männer gegen den Orkan auf der Brücke behaupten. Es ist finstere Nacht.

„Wir mußten uns dem mittleren Teil der Brücke nähern. Wenn ich richtig gezählt hatte, lag der sechsunddreißigste Pfeiler hinter uns. Ich erinnere mich, daß vom siebenunddreißigsten an das Bahngleis innerhalb der höher liegenden Gitterbalken läuft, anstatt, wie bisher, auf der oberen Flansche derselben. Meine Hoffnung stieg, daß sich noch alles zum Guten wenden müsse. Auch hatte in den letzten zehn Minuten der Sturm rasch nachgelassen. Das schwarze Gewölk über uns zeigte Risse und lichtbraune Ränder. Ich fing an aufzuatmen.

Da plötzlich war die Schattengestalt meines Vordermannes verschwunden, das Geländer, das ich jetzt auf dreißig Meter ganz deutlich sehen konnte, war leer. Er konnte doch nicht abgestürzt sein. Ich schrie laut: ,Knox! Knox!' Keine Antwort. Ich ließ jetzt selbst das Geländer mit der Rechten los und lief vorwärts, so schnell ich konnte. ,Knox! Knox!'

Nein, er war nicht abgestürzt. Dort saß er auf dem Bretterboden, die Beine über die Schienen zwischen den Schwellen herabhängend.

Schnellzug der Deutschen Bundesbahn „Glückauf", geführt von E 1806, auf der alten Rennstrecke zwischen München und Augsburg. (Foto: Tausche)

Oben: Moderne Rangiertechnik. Ablaufstelltisch im Rangierbahnhof Seelze. Im Hintergrund
Rangierzettel-Blattschreiber. (Foto: Siemens)

Unten: Schnellzug der SNCF bei Aix-les-Bains. Lokomotive Baureihe 9200 BB.
(Foto: Laforgerie / Museum di Rodo)

Oben: Fernschnellzug „Rheinpfeil" der DB abfahrbereit in München Hbf.
(Foto: Dr. Scheingraber)

Unten: Führerstand der Versuchslok BR E 10 für 200 km/h Schnellfahrversuche. Im Hintergrund
das Anzeigegerät für Soll- und Istgeschwindigkeit. (Foto: Siemens)

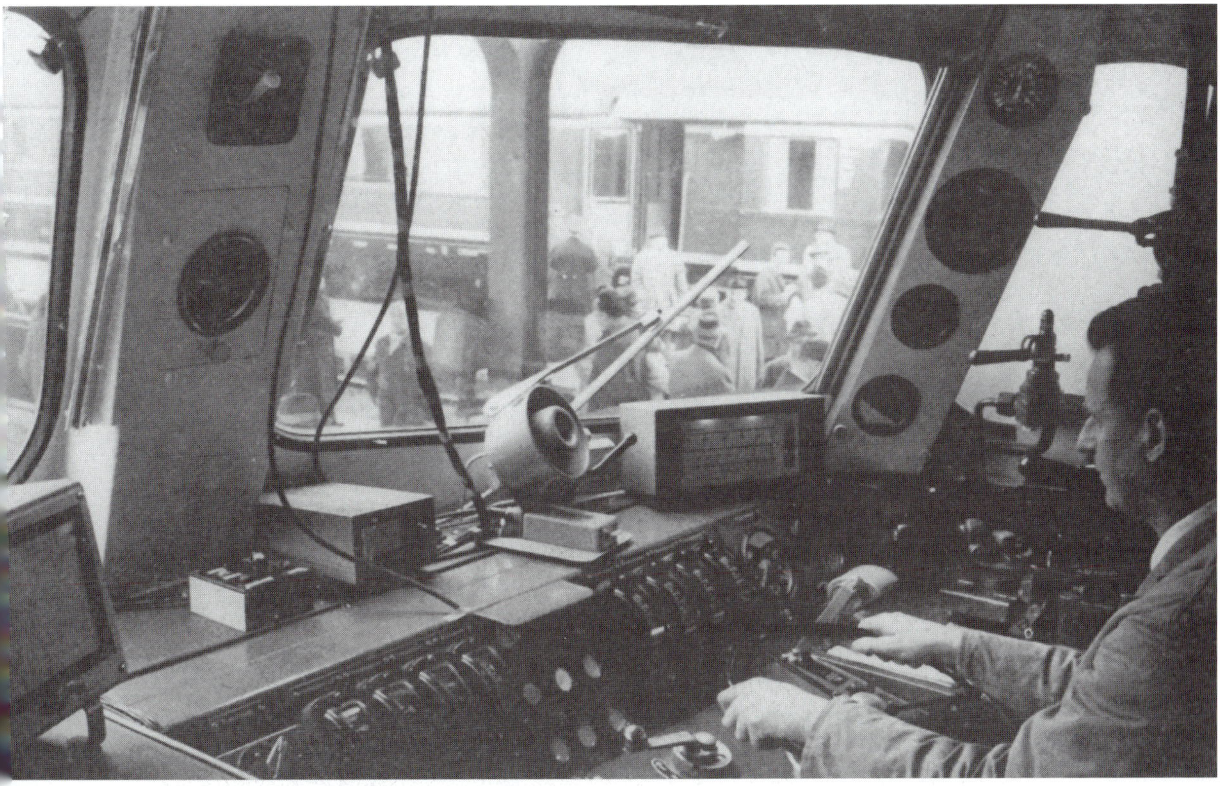

Oben: Die modernste und schnellste Elektrolokomotive der DB, Baureihe E 03, auf Probefahrt bei Bamberg. (Foto: Dr. Scheingraber)

Unten: Der Schienenstrang, Bestandteil unserer Kultur, unserer Landschaft und unseres Lebens. (Foto: Klossek)

‚Knox, was ist Ihnen?' rief ich durch den Lärm des Sturms, der eben wieder mit einem brausenden Stoß über uns wegging und die Brücke in zollweite Schwankungen brachte.

Er richtete sich ein wenig auf und deutete mit dem linken Arm nach vorwärts. Zum erstenmal, seit wir auf dem Wege waren, zerriß das Gewölk unter der dünnen Mondsichel und ließ einen grellgrünlichen Fleck des Himmels erscheinen. Man sah mit einemmal ziemlich weit nach allen Seiten. Es war, als stünde man in der Mitte einer Zauberkugel, tief unter uns in einem dämmerigen Kreis die schaumbedeckte See, um uns bestimmt und klar die Schienen, die Schwellen, das Geländer, vor uns plötzlich scharf abgeschnitten, das Ende der Brücke, das ins leere Nichts hinausragte.

Ich ging noch zwanzig Schritte vorwärts, fast ohne zu denken, einem qualvollen Drange folgend, der mich weitertrieb. Dann klammerte ich mich wieder mit beiden Händen ans Geländer und sah in das dunstige Blau hinaus, wo noch vor zwei Stunden die riesigen tunnelartigen Gitterbalken begonnen hatten. Sie waren verschwunden, spurlos weggeblasen.

Erst wollte ich mich setzen, wie Knox saß, und darüber nachdenken, ob das alles nicht doch am Ende nur ein häßlicher Traum sei. Dann packte mich eine fürchterliche Neugier. Ich sah um mich mit der gespanntesten Anstrengung aller Nerven. In weiter, weiter Ferne sah man die Brücke wieder, das Ende, das vom Nordufer der Bucht kam, wie einen schlanken, senkrechten Pfahl, der hoch aus dem Wasser emporragte. Zwischen diesem Ende und dem unseren war eine leere Strecke, fast einen Kilometer breit, über die in ungestörter Kraft und Freiheit das heraufstürmende Meer hinwogte. Nur eine Reihe weißer Punkte bezeichnete über die Wasserfläche hinweg die Linie der einstigen Brücke. Es war die Brandung, die an den Resten der verschwundenen Pfeiler aufschäumte. Ich zählte sie mechanisch, ohne zu denken. Zwölf! Ich wußte, dies war die Zahl der großen Pfeiler, auf denen der höhere Teil der Brücke geruht hatte. Wenn ich träumte, so träumte ich mit entsetzlicher Folgerichtigkeit. So mußte es gekommen sein. Die ganze Länge der hochliegenden Gitterbalken war eingestürzt."

Auch Theodor Fontane hat in seinem Gedicht „Die Brücke am Tay" diese schreckliche Katastrophe als Ballade beschrieben und jedem, der sie kennt, werden wohl die berühmten Worte „Tand, Tand ist das Gebilde aus Menschenhand" zeitlebens in den Ohren klingen, Warnung und Mahnung zugleich.

Als recht gefährliche Angelegenheit haben sich auch die Klapp- und Drehbrücken erwiesen, und schon im Jahre 1852 versuchte ein Zug bei Norwalk in Connecticut, eine Drehbrücke in geöffnetem Zustand zu befahren, ein Vorhaben, das leider 46 Menschen mit ihrem Leben bezahlen mußten.

Über einen ähnlichen Unfall dieser Art schreibt Borchert Veenhuis in seinem Büchlein „Rot und Grün":

„Ein wegen seiner Schaurigkeit wirklich einzig dastehendes Erlebnis hatte der Lokomotivführer-Gehilfe Janssen aus Oldenburg in der Nacht vom 25. auf den 26. Juni 1913. In dieser Nacht fuhr er den Personenzug 232 von Oldenburg nach Neuschanz (Holland). Beim Auffahren auf die Emsbrücke bemerkte er im Schein der Lokomotivlaterne vor sich einen hellen Streifen. Janssen hielt diese Erscheinung zunächst für einen Nebelstreifen, aber einen Moment nur, dann wußte er, daß es die geöffnete querstehende Brücke war. Janssen gab sofort Schnellbremse und Gegendampf. Den sicheren Tod vor Augen hielt er getreu auf seinem Posten aus, auch dann noch, als sich die Lokomotive vorn schon stark abwärts neigte. Sein braver Gehilfe, der Lokomotivführer-Anwärter, blieb ebenfalls in treuer Pflichterfüllung auf seinem Posten. Ein Unglück, dessen grausige Folgen nicht auszumalen gewesen wären, wurde hier durch die Lokomotivführer abgewendet. Die dritte Achse der Lokomotive (Achsfolge 2'B) rollte noch von den Schienen, dann stand der Zug. Hätten in diesem Falle die Nerven des Führers versagt, wäre er jetzt kopflos gewesen, ein ganzer Zug voll Menschenleben wäre hier in die Ems gestürzt. Die Lokomotive hing nun fast senkrecht zur Brücke. Eine weitere Gefahr tauchte plötzlich vor dem Auge des Führers auf. Die Feuerkiste, noch immer von der Glut des Feuers angegriffen, war von dem kühlenden Wasser entblößt, eine Kesselexplosion konnte jede Minute eintreten. Doch auch dieser Gefahr warfen sich die beiden Männer todesmutig entgegen. Sie brachten zuerst auf der Maschine beide Speisepumpen in Tätigkeit, dann krochen sie unter dem Tender durch und rissen das Feuer aus dem Verbrennungsraum. Jeden Augenblick konnte die Lokomotive abstürzen und die beiden Männer mit in die Tiefe reißen, oder sie wären von dem fallenden Tender sofort zu Tode gequetscht worden. Doch Gottes Hand schwebte über ihnen. Nachdem das Feuer entfernt und die größte Gefahr beseitigt war, verließen sie ihren Platz über dem gähnenden Abgrund. Dann kletterten sie über den Zug hinweg und drehten noch die Handbremsen an, um den Zug vor einem Abrutschen zu schützen, denn die Luftdruckbremsen hätten sich infolge Entweichen der Luft mit der Zeit wieder gelöst. Damit waren alle Gefahren glücklich beseitigt."

Wie viele Unfälle haben sich zugetragen, bei denen offensichtlich eine höhere Macht größeren Schaden verhütet hat, wie viele auch sind dank der Unerschrokkenheit und der Geistesgegenwart des Lokführers noch glimpflich abgelaufen.

Auch die deutschen Bahnen haben leider eine Reihe schwerer Katastrophen zu verzeichnen.

Am 3. September 1882 fuhr ein Ausflüglerzug von Freiburg nach Breisach wegen eines Gewitters mit Verspätung ab. Der Lokomotivführer versuchte, die Verspätung einzuholen. Die großrädrige C-gekuppelte Lokomotive war jedoch nicht für hohe Geschwindigkeiten geeignet. Der Zug entgleiste bei Hugstetten, 68 Tote und 250 Verletzte mußten das Experiment mit ihrem Leben bezahlen.

Zu den makabersten Merkwürdigkeiten des Eisenbahnwesens gehört, daß die schwersten Unfälle sich oft in der Zeit vor den Weihnachtsfeiertagen zugetragen haben. So geschah die schreckliche Katastrophe bei Lagny in Frankreich am 23. Dezember 1933. Durch Auffahren eines Schnellzuges auf einen Eilzug bei hoher Geschwindigkeit kamen 230 Fahrgäste ums Leben.

Der schwärzeste Tag in der deutschen Eisenbahngeschichte ist der 22. Dezem-

Einer der schauerlichsten Unfälle ereignete sich bei der geöffneten Drehbrücke über die Ems.

ber 1939. In den Wogen des Krieges, im Rausch der ersten Erfolge nach dem Polenfeldzug ging unter oder wurde vertuscht, was sich damals tat. An jenem Tage brachen zwei Katastrophen zu gleicher Zeit herein. Ein Zusammenstoß zweier Züge auf der Bodenseegürtelbahn bei Markdorf kostete 102 Menschen das Leben, während gleichzeitig in der schrecklichen Katastrophe bei Genthin auf der Strecke Berlin-Magdeburg 186 Menschen verbluteten. 288 Fahrgäste verloren zur selben Stunde ihr Leben und viele Hunderte wurden verletzt. Wenige Jahre zuvor hatte das Unglück bei Großheringen, bei welchem ein D-Zug einem Personenzug gerade auf der Saalebrücke in die Flanke fuhr, zahlreiche Opfer gefordert, auch damals unmittelbar am Heiligen Abend.

Ein besonderes Kapitel stellen seit jeher die Eisenbahnattentate dar, und die Kriminalromane haben hier mehr zu bieten, als in Wirklichkeit jemals geschehen ist. In den dreißiger Jahren war Sylvester Matuschka ein gefürchteter Verbrecher, auf dessen Kosten das Attentat auf einen Schnellzug bei Jüterbog geht, das schweren Sachschaden auslöste, sowie das Unglück bei Bia Torbágy in Ungarn.

Nun genug dieser Töne. Es besteht alle Hoffnung, daß durch die Weiterentwicklung der Sicherungsanlagen, durch weitgehende Automatisierung und das Ausschalten menschlicher Irrtümer sich Katastrophen solchen Ausmaßes nicht wiederholen.

Am ärgsten betroffen sind meist die Lokmänner selbst. Freilich, von den Heldentaten, die sich mitunter auf dem Führerstand zutrugen, erfährt die Außenwelt wenig. Vielleicht ist für die Lokomotivmannschaft vieles eben selbstverständlich, was beispielsweise an anderer Stelle des Alltages besonders bewertet wird. Früher gehörte auch der Lokomotivführer in den USA zu den Helden des Wilden Westens. Durch Buch und Film kennen wir manches auch in Deutschland, und Casey Jones hat so viele Abenteuer erlebt, wie eigentlich ein einziges Leben gar nicht ausreicht, bedenkt man, daß er zwischendurch auch dienstfrei hatte, essen und schlafen mußte.

Geradezu berühmt geworden ist die Geschichte der Lokomotive „General", die wir, da sie auch verfilmt worden ist, in unserem Kapitel über die Merkwürdigkeiten nicht vergessen wollen. Am 12. April 1862 — in den Vereinigten Staaten war der Bürgerkrieg zwischen Nord- und Südstaaten in vollem Gange — hatten Soldaten der Nordstaatenarmee einen ganzen Versorgungszug des Südens bei Atlanta erbeutet. Die Soldaten sollten nach Sicherstellung des Zuges die Strecke zerstören, vor allem die Brücken über den Chicamauga River unbrauchbar machen. Die Yankees, unter Führung von James Andrews, stiegen kurzerhand in den erbeuteten Zug, der von der Lokomotive „General" geführt wurde und dampften nach Norden ab, um auf der Strecke der damaligen Western und Atlantic Rd. ihr trauriges Zerstörungswerk auszuführen.

Ein geistesgegenwärtiger Konduteur nahm sofort die Verfolgung auf, sammelte einen Haufen Rangierer, verfolgte den Zug erst zu Fuß, bis es ihm gelang, eine Lokomotive zu requirieren. Die erste, „Yonah" mit Namen, erwies sich als zu langsam. Erst die „Texas" konnte es an Geschwindigkeit mit der „General" aufnehmen, und so begann dann das in der Geschichte der USA so berühmte Lokomotivrennen über eine Strecke von 140 km. Da die „General" mit ihrem Zug öfters anhielt, um die Telegrafendrähte durchzuschneiden, kam ihr die „Texas" bald näher. Letztere hatte zudem während ihrer Fahrt Truppen aufgelesen, und brauste im Höllentempo hinter den Nordstaatlern her. Dabei wurden enorme Geschwindigkeiten gefahren. Die „General" raste mit ihrem Zug im 90-km/h-Tempo über die eingleisige und sehr kurven- und brückenreiche Strecke, während die „Texas" sogar mit 120 km/h hinter ihr herdonnerte. Über das Ende der Geschichte gibt es zwei Lesarten. Nach der einen soll die „General" in letzter Not, als die „Texas" schon nahe herangekommen war, eine Brücke in Brand gesteckt haben, selbst aber auf ein nahes Überholgleis gerollt sein. Die „Texas" habe nicht mehr bremsen können und sei kopfüber durch die Flammen hindurch in die Fluten gestürzt. Andrews Leute seien dann zu Fuß weitergeflohen. Eine andere Lesart gibt an, daß ein besetztes Überholungsgleis der Jagd ein Ende gemacht habe und Andrew als Spion erschossen worden sei. Auf alle Fälle ist die Lokomotive „General" erhalten geblieben und steht als bleibendes Denkmal im Bahnhof Chattanooga (Union Station) in Tennessee. Eine der schönsten Legenden des Bürgerkrieges hat also sogar zu einem kostbaren Lokomotivdenkmal geführt.

Es gibt viele solcher Legenden und viele besondere Leistungen, große und kleine Heldentaten. In Deutschland sind einige Namen besonders bekannt geworden, so die Führer der Rennlokomotive 05 002, die im Jahre 1936 auf der Strecke Hamburg—Berlin eine Geschwindigkeit von 200,4 km/h erreicht haben, nämlich Oskar Langhans und Ernst Höhne. Auch der Name des Lokführers Vochtel, der, als sich während der Fahrt durch den Cochemer Tunnel eine Kohlenstaubexplosion auf seiner Maschine ereignete, trotz schwerster Verbrennungen außen an der Lokomotive mitten im Tunnel nach dem vorderen Lufthahn kletterte und so den Zug zum Halten brachte.

Daß aber einmal ein Mann einen Zug geführt hatte, der gar keine Ahnung von der Lokomotive besaß, das hat sich in Italien zugetragen. In Mailand war ein Mann auf die Lokomotive des Schnellzuges Mailand—Venedig geklettert, der sich als technischer Eisenbahninspektor ausgab und dem Zugpersonal einen gefälschten Ausweis unter die Nase hielt. Der richtige Lokführer wich der Obrigkeit, der moderne Eulenspiegel brauste dann wie die Feuerwehr los und konnte erst nach Überfahren eines Signales an der Weiterfahrt gehindert werden. Vor der Polizei gab er an, er habe nur einmal sehen wollen, wie schnell so ein Zug überhaupt fahren könne.

Es ist eine merkwürdige Sache um die Merkwürdigkeiten des Schienenstranges. Die Welt ist kurios, warum sollte es das Eisenbahnwesen nicht sein? Aus der Fülle dessen, was es alles gegeben hat, konnten wir nur einige Kleinigkeiten herausgreifen, um den ganzen Umfang und die ganze Spannweite der Eisenbahn zu umreißen. Ein Kapitel aber verdient, daß wir es besonders erwähnen, das der sogenannten Eisenbahnkönige.

Das war zu der Zeit, als die Eisenbahn noch von Privatgesellschaften betrieben wurde und sich einflußreiche Finanzmänner, die sich meist durch Spekulation mit Aktien oder durch andere zweideutige Mittel in den Besitz mehrerer Eisenbahngesellschaften setzten. Aus den USA, wo derartige Dinge am leichtesten möglich waren, ist der Name von John Pierpont Morgan ein Begriff, der sich in der Mitte der neunziger Jahre des vorigen Jahrhunderts dem Erwerb notleidender Eisenbahnen widmete. Mit seinem Partner Hill zusammen gründete er die Morgan-Hill-Gruppe, die alsbald den ganzen Nordosten der Vereinigten Staaten beherrschte. Dabei spielte die Sache keinerlei Rolle, es ging allein ums Geld. Als Folge wüster Finanzspekulationen ist dann im Jahre 1913 die New York-New Haven Rd. zusammengebrochen und hat später eine ganze Reihe dunkler Machenschaften ans Tageslicht gefördert.

Wenig bekannt ist heute noch, daß auch Deutschland seinen Eisenbahnkönig besessen hat, und es ist an der Zeit, dieser zwielichtigen Gestalt noch einmal zu „gedenken": Barthel Henry Strousberg, eigentlich Strausberg mit Namen. Der 1823 in Neidenburg in Ostpreußen geborene Kaufmann begann als Journalist in England, wurde dort mit einflußreichen Finanzkreisen bekannt, tauchte 1863 als Bevollmächtigter beim Bau der Tilsit—Insterburger Eisenbahn auf und betrieb unmittelbar darauf auf eigene Rechnung den Bau weiterer Eisenbahnen. Selbst ohne Kapital kam er auf den Trick, als Generalunternehmer die Lieferanten der Bahn durch Aktien zu bezahlen. Auf diese Weise kam er in den Besitz der Berlin—Görlitzer, Halle—Sorau—Gubener, Märkisch—Posener, Tilsit—Insterburger, Rechte Oder-Ufer, Hannover—Altenbekener Eisenbahn und der Ostpreußischen Südbahn, wahrhaftig ein stattliches Imperium, dem er noch eine eigene Lokomotivfabrik hinzufügte, gelang es ihm doch, die alte Fabrik von Georg Egestorff in Hannover-Linden, die Hanomag, in seinen Besitz zu bringen. Im Jahre 1875 geriet jedoch das ganze Gebäude ins Wanken, nachdem Strousberg als außergewöhnliche Figur in den höchsten Kreisen des Landes eine Rolle wie ein Operettenprinz gespielt hatte. Seine Bahnen und Unternehmungen gerieten in Konkurs, er selbst wurde in Moskau, wohin er sich abgesetzt hatte, verhaftet und zur Schuldhaft verurteilt. In der Haft schrieb er seine Selbstbiographie. Strousberg ist eine der schillerndsten Figuren der Gründerjahre und will uns heute beinahe wie der Held eines Groschenromans erscheinen. Immerhin, es gehörte eine außergewöhnliche Persönlichkeit dazu, während einer Zeit, wo es noch genügend echte Monarchen gab, als Eisenbahnkönig eine solch angesehene Rolle in der Öffentlichkeit zu spielen.

Wobei wieder einmal bewiesen wäre, daß selbst hinter den größten Merkwürdigkeiten der menschliche Geist steckt und das merkwürdigste Wesen unserer Welt immer noch — der Mensch selbst ist.

Züge und Zuggattungen
Von W. Biedenkopf

I

Ein Schüler, der vor einer Weile begonnen hat, irgendeine Fremdsprache zu erlernen, geht zunächst von der Vorstellung aus, daß die Begriffe in den verschiedenen Sprachen identisch und nur die Worte dafür verschieden seien. Fast jeder kennt den schönen Vers: „Le bœuf, der Ochs, la vache, die Kuh …“. Wenn es wirklich so einfach ginge mit den Sprachen, wäre die internationale Verständigung bestimmt viel leichter, statt dessen ist es eine bedauerliche, aber kaum zu ändernde Tatsache, daß gerade die Begriffe von Land zu Land einen etwas anderen Sinngehalt haben, was auch wieder durch ein heute marktgängiges Schlagwort angedeutet werden soll: „amore“ ist *nicht* gleich „Liebe“.

Diese Vorbemerkungen gehören an sich nicht zum Thema, sie sollen aber die Situation beleuchten, der sich jeder gegenübersieht, der Zuggattungsbegriffe von einer Sprache in die andere übersetzen und damit gleichstellen will. Um es gleich vorweg zu nehmen: Genau identische Zugbegriffe gibt es in Europa kaum, abgesehen einmal von auf allen Zwischenstationen haltenden Personenzügen.

Die deutschen Fernschnellzüge sind wegen ihres Komforts weithin geschätzt.

Wie soll man überhaupt Zuggattungen einteilen, unterscheiden, benennen? Zunächst geht es nicht um den Namen eines bestimmten Zuges, sondern um denjenigen für die ganze Gruppe, eben die Zuggattung. Wer hat sich schon überlegt, warum der D-Zug gerade D-Zug heißt? Nicht weil er auf so vielen kleinen Orten durchfährt, auch nicht, weil er auf großen Durchgangsstrecken verkehrt, heißt er so, sondern allein, weil er aus Durchgangswagen gebildet wird, während solche Wagen erst später auch in Eilzügen eingestellt wurden, die also (streng genommen), jetzt ebenfalls „Durchgangszüge" geworden sind; obwohl ein Eilzug eben doch kein D-Zug ist. Und durch welche besonderen Merkmale unterscheidet er sich von anderen Zügen? Hier müßte es doch ganz klare Kennzeichen geben. Man kann z. B. die Schnelligkeit heranziehen, aber auch die Bequemlichkeit, die dem Fahrgast geboten wird, diese ist jedoch schon durch die Wagenklassen mehr oder weniger standardisiert. Im allgemeinen lassen sich nur zwei große Gruppen von Zügen unterscheiden, nämlich solche, die nur normale Sitzwagen, meist verschiedener Klassen, führen und solche, die darüber hinausgehende Bequemlichkeiten bieten: Schlaf- und Speisewagen und noch feinere Sachen. Schließlich aber unterscheidet die Bahnverwaltung die Züge danach, ob man für sie Zuschlag zahlen muß oder nicht. Gerade dieser Gesichtspunkt wird in den einzelnen Ländern so uneinheitlich gehandhabt, daß man damit kaum etwas anfangen kann,

z. B. werden in der Schweiz und in Belgien keine Schnellzugzuschläge gefordert. Kehren wir daher noch einmal zur Reisegeschwindigkeit zurück: Im hastigen Stil des gegenwärtigen Wirtschaftslebens spielt es oft eine entscheidende Rolle, ob eine bestimmte Geschäftsreise an einem Tag abgewickelt werden kann, ja allgemein, ob man gegenüber dem eigenen Auto Zeit gewinnt, wenn man die Bahn benützt. Und dann wird man gerne mit denjenigen Zügen fahren, deren Reisegeschwindigkeit am höchsten ist. Diese wiederum unterscheidet sich natürlich noch aus anderen Gründen, sie hängt nämlich von der Linienführung der Strecke ab, vom Charakter der durchfahrenen Gegend, ob Gebirge oder Flachland, und letztlich von der Antriebsart. In den meisten europäischen Staaten fahren elektrische Züge schneller als solche mit Dampflokomotiven, jedoch hat es auch schon das Gegenteil gegeben. Oft sind für Schnellzüge höhere Höchstgeschwindigkeiten zugelassen als für normale Personenzüge, noch schneller fahren Triebwagen. Die höhere Reisegeschwindigkeit, die ein Schnellzug z. B. zwischen Frankfurt und Mannheim gegenüber einem Personenzug erzielt, rührt aber auch zum Teil daher, daß der Schnellzug überhaupt nicht, der Personenzug dagegen zwanzigmal anhält und dabei abbremsen und wieder beschleunigen muß, ganz abgesehen von der Aufenthaltszeit selbst. Da man heute besonders flott fahren will, hat man immer mehr Zwischenhalte bei Schnellzügen wegfallen lassen, nicht nur in Deutschland. Festhalten kann man also, daß die verschiedenen Zuggattungen sich im wesentlichen durch dreierlei unterscheiden, nämlich durch verschiedene Bequemlichkeit, verschiedene Geschwindigkeit und verschiedene Häufigkeit des Anhaltens.

II

Die älteste Zuggattung ist natürlich der Personenzug. Aber schon früh fuhr man für Fernreisende Züge, die eben nicht auf jedem Bahnhof anhielten und für die sich nach einigem Hin und Her der Name „Schnellzug" einbürgerte. Abgesehen vom Zuschlag unterscheidet sich heute ein deutscher Schnellzug von einem deutschen Personenzug dadurch, daß andere, nämlich bessere Wagen verwendet werden und daß man, wenigstens meistens, bei Tag einen Speise- oder Büfettwagen, bei Nacht Schlaf- oder Liegewagen (oder beides) beifügt. Gehalten wird dann nur in größeren Städten und wichtigen Knoten- und Umsteigebahnhöfen, wobei aber zwischen den einzelnen Schnellzügen beträchtliche Unterschiede bestehen. Da gibt es welche, die auf sehr lange Strecken durchfahren, andere wieder halten in Kleinstädten wie Kirchhain, Andernach oder Saarburg und sind dann manchmal eine Prestigefrage.

Ähnliche Züge aus vierachsigen Drehgestellwagen gibt es auch in den meisten europäischen Ländern. Die Fahrplandrucker verwenden für Schnellzüge meist fette Buchstaben, und in den Abfahrtstafeln sind sie rot gedruckt. Sie bilden seit Jahrzehnten das eigentliche Gerüst des Fahrplans. Die Namen dafür sind folgende:

Personenzug der DB bei Kreiensen mit einer Garnitur preußischer Abteilwagen, wie sie Jahrzehnte hindurch auf deutschen Bahnen üblich war. Es führt eine Dampflok der BR 41.
(Foto: Bellingrodt)

Schnellzüge

Netz:	Amtliche Bezeichnung:	Kennzeichnung im Fahrplan	
Belgien	Train international	Nr. 1-199	(Fettdruck)
Bulgarien	Burz Vlak		(Fettdruck)
Griechenland	Tach. Hamax	—	
Luxemburg	Express	Expr.	(Fettdruck)
Rumänien	Express	expr.	(Fettdruck)
Portugal	Rapido	Rapido	—
Tschechoslowakei	Rychlik	—	(Fettdruck)
Deutschland (Bundesbahn und Reichsbahn)	Schnellzug	D	(Fettdruck)
Dänemark	Eksprestog	E	(Fettdruck)
Italien	Direttissimo	DD od. Flügel-rad mit Blitzen	(Fettdruck)
Jugoslawien	Brzi Voz	(Nummern)	(Fettdruck)
Ungarn	Gyorsvonat	—	(Fettdruck)
Niederlande	Doorgangs-trein	D	(Fettdruck)
Norwegen	Hurtigtog	Ht.	(Fettdruck)
Österreich	Schnellzug	D	(Fettdruck)
Polen	Pociag pospieszne	—	(Fettdruck)
Spanien	Expreso	Exp.	—
Spanien	Rapido	Rap.	—
Schweiz	Schnellzug Direct Diretto	(Nummern)	(Fettdruck)
Schweden	Snälltåg	St.	(Fettdruck)
Frankreich	Express	EXPRESS	—
Finnland	Pikajuna	P	(Fettdruck)

Allerdings macht England eine ganz große Ausnahme, insofern als Zuggattungen amtlich hier überhaupt nicht unterschieden werden.

III

Neben den Schnellzügen hat man in manchen Ländern eine Zuggattung, die hinsichtlich Geschwindigkeit, Haltestellenentfernung und Bequemlichkeit ungefähr zwischen diesen und den gewöhnlichen Personenzügen liegt. Wir in Deutschland sind gewohnt, einen solchen Zug „Eilzug" zu nennen. Wie er im Ausland heißt, zeigt die nachstehende Übersicht.

Eilzüge

Netz	Amtliche Bezeichnung	Kennzeichen im Fahrplan	
Belgien	Train direct	—	(Fettdruck)
Luxemburg	Direct	Direct	(Fettdruck)
Rumänien	Tren accelerat	accl.	(Fettdruck)
Deutschland (DB u. DR)	Eilzug	E	(Fettdruck)
Dänemark	Iltog	I	(Fettdruck)
Italien	Diretto	diret	(Halbfettdruck)
Jugoslawien	Ubrzani voz	(Hinweis in bes. Bemerk.)	
Ungarn	Sebesvonat	—	(Halbfettdruck)
Österreich	Eilzug	E	(Fettdruck)
Spanien	Directo	Dir.	—
Frankreich	Direct	DIRECT	—

Aber gleich jetzt schon wird es problematisch: In manchen Ländern, die in der vorhergehenden Übersicht nicht erscheinen, gibt es trotzdem Züge, die mit unseren Eilzügen vergleichbar sind, dort aber entweder den Personenzügen (wie in Schweden) oder aber den Schnellzügen (wie in der Tschechoslowakei) zugeschlagen werden. Deswegen sind die „Schnellzüge" in der Tschechoslowakei im Durchschnitt langsamer und halten auch häufiger an, weil sie auch alle diejenigen Fahrten umfassen, die unter deutschen Verhältnissen als Eilzüge bezeichnet würden. In Schweden ist es gerade umgekehrt. Während in Schnellzügen Drehgestellwagen mit Seitengang laufen, haben die Eilzugwagen in der unteren Klasse nie, in der höheren nur teilweise abgeschlossene Abteile. Allerdings gehen auch Seitengangwagen als Kurswagen auf Eilzüge über, die dadurch viel weniger einheitlich aussehen als die Schnellzüge, findet man in ihnen doch auch die umgebauten „Kaiser-Wilhelm-Wagen" (4yg). Außerdem sind in Deutschland eigentlich die Eilzüge noch einmal unterteilt, nämlich in diejenigen, die als verschlechterte Schnellzüge mit der gleichen Höchstgeschwindigkeit, aber zuschlagfrei und mit häufigeren Aufenthalten fahren, und als andere Gruppe beschleunigte und sonst verbesserte Personenzüge. Im Kursbuch kann man diese beiden Gruppen allerdings nur durch die Nummern unterscheiden: „verschlechterte" Schnellzüge mit Höchstgeschwindigkeit bis zu 120 km/h haben dreistellige, die dem Nahverkehr dienenden Eilzüge vierstellige und oft nur 90 oder 100 km/h Höchstgeschwindigkeit, wovon man allerdings auf elektrischen Strecken schon wieder abgewichen ist. Schlaf- und Speisewagen gibt es hin und wieder auch in Eilzügen, namentlich in Italien.

IV

Sind die Eilzüge nach unten von den Schnellzügen abgespalten worden, so sind die F-Züge besonders verbesserte Schnellzüge. Sie bilden in Deutschland die Oberschicht unter den Reisezügen und sind auch auf ein entsprechendes Publikum zugeschnitten. An sich stammt die Abkürzung F-Zug von Fernschnellzug, ist aber insofern ungünstig gewählt, als die meisten innerdeutschen F-Züge nicht weiter fahren als die Schnellzüge auch. In Deutschland und Frankreich gibt es allerdings nochmals Untergruppen bei diesen Überschnellzügen: Dabei handelt es sich in Deutschland einmal um die Nachfolger der ehemaligen Luxuszüge, soweit sie heute noch im Fahrplan als besondere Gruppe erkennbar sind und inzwischen nicht zu D-Zügen abgewertet wurden. Die andere Gruppe umfaßt die bekannten blauen F-Züge vom „Rheinblitz" bis zum „Konsul". In Frankreich ist der Begriff „Rapide" in etwas anderem Sinn angewandt. Es handelt sich dort sowohl um Luxuszugnachfolger als auch um sog. Prominentenzüge, schließlich aber auch um schwere Schnellzüge normaler Art. Hier zeigt sich wieder ganz deutlich, daß man die Begriffe verschiedener Sprachen schlechthin nicht gleichsetzen kann. Ein Franzose würde Züge wie den Gotthard-Expreß, den „Glückauf" oder erst recht „Senator" und „Münchner Kindl" als „Rapides" ansehen, während es uns erstaunt, daß die Schnellzüge Paris—Köln auf französischem Boden nicht als „Express" eingestuft sind. Dieses Wort „Express" ist in Frankreich die Bezeichnung der normalen Schnellzüge, ganz im Gegensatz zu unserem Sprachgefühl. Weil die Namen der Luxuszüge, die vor 1939 durch Deutschland fuhren, alle auf „...-Expreß" endeten, wird eine solche Bezeichnung heute bei uns noch als besonders werbekräftig angesehen, was allerdings mit der Wirklichkeit oft schlecht übereinstimmt. So ist der Rivieraexpreß jetzt vorwiegend ein Fremdarbeiterzug von Italien zum Ruhrgebiet. Auch in Österreich hat man viel zu großzügig normale Schnellzüge hochtrabend bezeichnet. Wie ähnliche Züge in Europa heißen, sieht man auch in den nachstehenden Übersichten.

Fernzüge als Luxusnachfolger

Netz	Amtliche Bezeichnung	Kennzeichnung im Fahrplan	
Portugal	Expresso	(Hinweis in bes. Bemerk.)	
Deutschland (DB)	Fernschnellzug	F	(Fettdruck)
Deutschland (DR)	Expreßzug	Ex.	(Fettdruck)
Jugoslawien	Ekspresni voz	Ex.	(Fettdruck)
Österreich	Expreßzug	Ex.	(Fettdruck)
Spanien	Surexpreso	Surex.	—

Fernzüge im Binnenverkehr

Netz	Amtliche Bezeichnung	Kennzeichnung im Fahrplan	
Luxemburg	Rapide	Rap.	(Fettdruck)
Deutschland (DB)	Fernschnellzug	F	(Fettdruck)
Deutschland (DR)	Expreßzug	Ex.	(Fettdruck)
	(bis 1958 FD-Zug)		
Italien	Rapido	R	(Fettdruck)
Norwegen	Ekspresstog	Et.	(Fettdruck)
Polen	Pociag ekspresowe	**Ex.**	(Fettdruck)
Schweden	Expresståg	Xt.	(Fettdruck)
Frankreich	Rapide	RAPIDE	—

V

Jedermann weiß, daß vor rund dreißig Jahren überall Triebwagen und Triebzüge für Schnell- und Eilzüge, ganz besonders aber für hochbeschleunigte Fahrten
eingesetzt wurden, nachdem einfachere Fahrzeuge schon lange im Personenverkehr gelaufen waren. Die Reisenden benutzten die eleganten und schnellen Fahrzeuge besonders gern, zumal sie auch in günstigen Fahrplanlagen verkehrten.
Triebwagen und Triebzüge lockerten den Fahrplan wirkungsvoll auf. Man
mußte sie natürlich auch bald besonders kennzeichnen und führte dazu Zuggattungsbegriffe ein, indem man die Wörter „Triebwagen-" oder „Motor-"
davorsetzte oder anfügte. Den Schnellzügen herkömmlicher Art entsprachen
meistens einzelne Triebwagen, erst recht den Eilzügen, wobei man bei Bedarf
Steuer- oder Beiwagen anhängte. Zunächst verwendete man nur für besonders
wichtige und teuere Züge mehrteilige Garnituren. Triebwagen können fast
immer wegen der besseren Anfahrbeschleunigung schneller fahren als entsprechende
Züge, sogar wenn sie öfters anhalten. In den meisten Ländern gibt es heute
Verbrennungstriebwagen, in vielen auch elektrische Oberleitungstriebwagen,
während Speichertriebwagen im Schnellzugdienst keine Rolle spielen. In Österreich wird nicht zwischen Triebwagen im Schnellzugdienst und solchen im F-
Zug-Dienst unterschieden. Der „Transalpin" z. B. ist hinsichtlich seiner Fahrgeschwindigkeit den deutschen Fernschnelltriebwagen fast ebenbürtig, was für
andere Triebwagenschnellzüge in Österreich durchaus nicht zutrifft. In Italien
wird nochmals zwischen Schnelltriebwagen und Schnelltriebzügen unterschieden
und bis zum Jahre 1952 konnte man sogar die Antriebsarten aus den amtlichen
Fahrplänen ersehen. Die Namen sind wieder übersichtlich zusammengestellt.

Triebwagen im Schnellzugdienst

Netz	Amtliche Bezeichnung	Kennzeichnung im Fahrplan	
Griechenland	Aut. Tach. Hamax	A	—
Luxemburg	Autorail express	Aut. expr.	(Fettdruck)
Rumänien	Automotor rapid	auto rap M	(Fettdruck)
Tschechoslowakei	Motorovy Rychlik	(tw)[1]	(Fettdruck)
Deutschland (DB)	Schnelltriebwagen	D (tw)	(Fettdruck)
Deutschland (DR)	Schnelltriebwagen	Dt	(Fettdruck)
Italien	Direttissimo	(tw)	(Fettdruck)
	Autotreno	AT	(Fettdruck)
Jugoslawien	Motorni brzi voz	(tw)	(Fettdruck)
Ungarn	Gyorsmotorvonat	(tw)	(Fettdruck)
Österreich	Triebwagenschnellzug	TS	(Fettdruck)
Spanien	Rapido automotor	Rap. aut.	—
Schweden	Rälsbuss snälltåg	St. (tw)	(Fettdruck)
Frankreich	Autorail express	EXPRESS (tw)	—
Finnland	Moottoripikajuna	MP	(Fettdruck)
Schweiz	Schnellzug	(tw)	(Fettdruck)

[1] (tw) bedeutet Bildzeichen Triebwagen in öffentlichen Fahrplänen

VI

Die wichtigsten und interessantesten Züge für den Eisenbahnfreund und die angenehmsten für den Reisenden sind die Triebwagen im Fernschnellzugdienst. Da denkt man zunächst an die jüngste und einheitlichste Zuggattung in Europa, nämlich die Transeurop-Expreßzüge (TEE). Ganz so einheitlich wie man zunächst beabsichtigte, sind aber auch diese Züge nicht ausgefallen. So gibt es jetzt Dieseltriebzüge, Elektrotriebzüge und Wagenzüge mit Ellok im TEE-Dienst, wobei auch die Höchstgeschwindigkeit teils 140 km/h, teils bis 160 km/h beträgt. Tarifgestaltung und Fahrplanbezeichnung sind indessen überall gleich.

Daneben aber gibt es eine überwiegende Fülle von Triebwagen im Fernschnellzugdienst, wenn auch in Westdeutschland diese Zuggattung am Aussterben ist. Wer erinnert sich aber nicht gerne an die roten mehrteiligen „Rheinblitz"-Garnituren der fünfziger Jahre, an den „Roland" und jetzt als letzten an den „Diamant"? In einigen Ländern hat man noch ganz besondere Leckerbissen: Da sind zuerst die spanischen Talgozüge zu nennen, die bisher nur auf zwei Fernstrecken verkehrten, jetzt aber vermehrt werden sollen. In Italien unterscheidet man zwischen Elektrozügen und Elektrotriebwagen, wobei ursprünglich die Oberleitungstriebzüge der Bauart ETR 200 und 300 durchweg schneller waren,

Eine besondere Zuggattung entstand mit Aufkommen der Trans-Europ-Expreßzüge.

neuerdings aber in wichtigen Kursen durch Triebwagen neuester Bauart abgelöst wurde. (Z. B. „Tirreno" Turin-Rom). Auch in Polen unterscheidet man zwischen Elektro- und Dieseltriebzügen, die nach deutschem Vorbild sämtlich sinnvolle Namen tragen, während in Italien nicht alle großen Züge getauft sind. Auch in Deutschland gab es einige Fahrplanperioden einen Oberleitungstriebzug, nämlich das „Münchner Kindl", das damals zwischen Frankfurt und München mit den Wechselstromtriebwagen Bauart ET 11 gefahren wurde. Die Namen dieser Züge sind fast schon ein Markenbegriff wie bei Spirituosen oder Fotoapparaten; nicht so geläufig sind die Zuggattungsbegriffe.

Triebwagen im Fernschnellzugdienst

Netz	Amtliche Bezeichnung	Kennzeichnung im Fahrplan	
Belgien	Autorail rapide	(Nr. 1-199) M	(Fettdruck
Portugal	Foguete	Foguete	—
Tschechoslowakei	Expresni vlak	(tw)	(Fettdruck mit lotrechten Strichen)

Deutschland (DB)	Fernschnelltriebwagen	F (tw)	(Fettdruck)
Deutschland (DR)	Expreßtriebwagen (bis 1958 FDt)	Ext.	(Fettdruck)
Dänemark	Lyntog	L	(Fettdruck)
Italien	Rapido (automotrice und elettromotrice)	R (tw)	(Fettdruck)
	Rapido Autotreno	RAT	(Fettdruck)
	Rapido elettrotreno	R Elettrotreno	(Fettdruck)
Jugoslawien	Expresni motorni voz	(tw)	(Fettdruck) und Hinweise
Niederlande	Dieselelektrische Doorgangs-trein	D (tw)	(Fettdruck)
Norwegen	Expresstog	Et.	(Fettdruck)
Polen	Motorowy ekspresowy	(tw)	(Fettdruck)
	pociag elektryczny	E	(Fettdruck)
Spanien	Tren automotor Fiat	TAF	—
	TALGO	TALGO	—
Schweiz	Schnellzug	(tw)	(Fettdruck)
	Direct		
	Diretto		
Schweden	Expresståg	Xt.	(Fettdruck)
Frankreich	Autorail rapide (bis 1954 daneben auch train automoteur rapide)	RAPIDE (tw)	—
Finnland	Kiitojuna	MK	(Fettdruck)

VII

Wir hatten gesagt, daß dort, wo es Eilzüge gibt, meistens auch Eiltriebwagen fahren. Oft sind dies die gleichen Fahrzeuge, die auch im Personenzugdienst verwendet werden; andererseits setzt aber die Deutsche Bundesbahn die Triebwagengattung VT 12 sowohl im Eilzugdienst als auch für die wichtige Fernverbindung Frankfurt—Paris ein. Selten haben Eiltriebwagenläufe besondere Namen, doch gibt es dies immerhin vereinzelt in Italien.

Triebwagen im Eilzugdienst

Netz	Amtliche Bezeichnung	Kennzeichnung im Fahrplan	
Belgien	Autorail direct	M	(Fettdruck)
Luxemburg	Autorail direct	(tw)	(Fettdruck)

Rumänien	Automotor accelerat	auto accl. M	(Fettdruck)
Deutschland (DB)	Eiltriebwagen	E (tw)	(Fettdruck)
Deutschland (DR)	Eiltriebwagen	Et	(Fettdruck)
Dänemark	Motor-Iltog	MI	(Fettdruck)
Italien	Diretto	diret (tw)	(Halbfettdruck)
Ungarn	Sebesmotorvonat	(tw)	(Halbfettdruck)
Österreich	Triebwageneilzug	TE	(Fettdruck)
Frankreich	Autorail direct	DIRECT (tw)	—

VIII

Es wäre schön, wenn man sich in Europa auf gemeinsame Zuggattungen einigen könnte. Ansätze dazu sind insofern günstig, als die Bezeichnungen in Deutschland, Frankreich und Italien ungefähr den gleichen Begriffsinhalt haben und sich weit besser entsprechen als z. B. die Einteilungsweise in Griechenland, Norwegen oder Portugal. Daher müßte man mit diesen drei Ländern anfangen, wobei die Schweiz als internationales Durchgangsland mitziehen müßte. Leider aber stimmt das Bezeichnungssystem der Eidgenossen längst nicht so gut mit denjenigen der Nachbarn überein. In der Schweiz gibt es nämlich nur vier Zuggattungen: TEE, Schnellzüge, Eilzüge und Personenzüge, wobei aber die Schweizer Eilzüge nur beschleunigte Personenzüge im Nahverkehr sind, während Zugläufe, die tatsächlich unseren Eilzügen entsprechen, in der Schweiz den Schnellzügen zugerechnet werden. Wenn es gelänge, die Zuggattungen dieser vier Länder noch besser aufeinander abzustimmen, so würden die anderen Staaten sich wahrscheinlich nach und nach anschließen, allein schon deswegen, weil die meisten internationalen Züge mindestens eines dieser vier Länder berühren.

Abschließend wollen wir uns noch daran erinnern, daß es auch ausgestorbene Zuggattungen gibt. Hier ist vor allen Dingen der Luxuszug zu nennen, womit bis zum Ausbruch des zweiten Weltkrieges die Schlafwagen- und Salonwagenzüge der ISG in allen beteiligten Ländern einheitlich bezeichnet wurden. In Deutschland gab es bis 1928 als besondere Zuggattung beschleunigte Personenzüge (BP), die ebenso häufig anhielten wie Eilzüge, aber mit sehr bescheidenem Wagenmaterial ausgestattet waren und deswegen auch langsamer fuhren. Schließlich bildete der alte „Rheingold"-Zug einige Jahre lang eine Zuggattung für sich, die als FFD bezeichnet wurde, eine Abkürzung, die eigentlich keinen rechten Sinn hat. Warum aber sollte man nicht mit diesem schönsten und bekanntesten Zug Deutschlands, der ja auch als einziger vor 1939 einen Namen trug, eine Ausnahme machen?

Eisenbahn heute

In einem Buch, das uns in die weite Welt des Schienenstranges einführen soll, darf ein Kapitel über die moderne und zukünftige Entwicklung nicht fehlen. Denn der Eisenbahnbetrieb ist kein Museum, ist kein antiquiertes Erinnerungsstück an alte Zeiten, nein, er bleibt in all seiner Dynamik und Vielseitigkeit genau wie Kraftverkehr und Luftfahrt ganz der Technik der Gegenwart verbunden. Seine Entwicklung weist in mancher Hinsicht Wege, wie sie auch für andere Zweige der Technik von Bedeutung sind.

So unterscheidet sich unsere moderne Eisenbahn in vielem grundlegend vom Dampfroß vergangener Jahrzehnte. Fast möchte man sagen, nur die Trasse ist noch die gleiche, alles andere, das ganze Drum und Dran hat sich gewandelt.

Wir spüren es schon, wenn wir einen unserer modernen Züge besteigen. Es muß nicht gleich der „Rheingold" oder der „Schauinsland" sein. Nein, der normale D 57 oder 168 oder 384 überrascht uns bereits durch Ausrüstung mit modernen und freundlichen Wagen. Kaum ist der Abfahrtsauftrag gegeben, klicken die Fahrstufen der E 10 auf, klettert der Geschwindigkeitsmesser rapide in die Höhe, die rasante Beschleunigung demonstrierend.

Das ist wohl das Hauptmerkmal der Gegenwart: Beschleunigung des gesamten Schienenverkehrs, Umstellung der Zugförderung und Übergang zur elektrischen und zur Dieseltraktion.

Anzeichen dieses Wandels gab es bereits vor dem 2. Weltkrieg, als die Schnell- und Leichttriebwagen aufkamen und ein hochwertiger Schnellverkehr eingerichtet wurde. Während in Europa dann der Krieg der Entwicklung Einhalt gebot, lief in den USA der Übergang zur Dieseltraktion weiter. Europa hatte zunächst die vielen Schäden des Krieges auszubessern, seine zerstörten Brücken und Bahnstrecken wiederherzustellen, ehe es an Zukunftspläne denken konnte. Erst um 1950 herum begann die Modernisierung der Anlagen. Das Ausland schritt in der Entwicklung voran, dort waren die Wunden des Krieges schneller vernarbt als im durch den Bombenkrieg verwüsteten Deutschland. Wollte man schließlich gegenüber dem Kraftwagen und dem Flugzeug, die beide als Folge des Krieges einen so gewaltigen Aufschwung erlebt hatten, bestehen, so waren Anstrengungen größten Ausmaßes notwendig.

Neue Wagen entstanden, komfortable Luxuszüge kamen auf, ein Höchstmaß von Bequemlichkeit bietend. Die betriebliche Vereinheitlichung der europäischen Bahnen schuf Voraussetzungen für den interstaatlichen Verkehr in großem Ausmaße. Die Trans-Europ-Expreßzüge entstanden, entwickelten sich so stark, daß die ursprünglich für diesen Zwecke gebauten Triebzug-Garnituren heute überholt sind und durch Wagenzüge ersetzt wurden. Schließlich kam es so weit, daß heute nicht der Güterverkehr, sondern der Fernreiseverkehr das lukrativste Geschäft der Bahnen ist. Ihm gilt daher alle Aufmerksamkeit.
Die Deutsche Bundesbahn hat einen Vorsprung ihrer Nachbarn aufholen müssen.

Auch die Bahnen der USA besitzen gewaltige Elektrolokomotiven.

Der Strukturwandel sieht die völlige Abschaffung der Dampflokomotive vor, ihren Ersatz durch die elektrische Traktion auf den stark belegten und befahrenen Strecken, das sind etwa $^2/_3$ aller Verkehrsleistungen, während das verbleibende Drittel mit Dieselfahrzeugen bedient werden soll. In nüchternen Zahlen ausgedrückt heißt das: Umstellung von etwa 8800 km auf Elektrizität gleich 70 % Leistung in Tonnenkilometern. Umstellung der restlichen 21 000 km, auf denen interessanterweise nur 30 % der Leistung in Tonnenkilometern erbracht werden, auf Dieseltraktion. Im kommenden Jahrzehnt soll die Dampflokomotive vollständig verschwunden sein.

Größere Leistung, das bedeutet stärkere Fahrzeuge. Die Entwicklung ging auf allen Bahnen zum Einsatz weniger Typen, die allen vorkommenden Anforderungen gewachsen sein mußten.

Der entstandene hochwertige Maschinenpark, dem sich die bereits seit Jahren neu entwickelten Reisezugwagen anschließen, zog auch Änderungen im Betriebsdienst nach sich, insbesondere der Sicherheitsvorkehrungen. Es ist ganz klar, daß hohe Geschwindigkeit größtmögliche Sicherheit zur Voraussetzung hat.

Pionierarbeit hat auf diesem Gebiet die Japanische Staatsbahn geleistet mit dem Neubau ihrer Schnellverbindung Tokio—Osaka. Diese sogenannte „Tokaydo-Bahn" ist eine der wichtigsten japanischen Bahnlinien überhaupt, die allein 17 % des gesamten japanischen Personenverkehrs und 23 % des Güterverkehrs bewältigt, liegen doch allein 40 große und größte Städte an ihr, allen voran die Wirtschaftszentren Tokio, Osaka, Kyoto, Nagoya, Hamamatsu, Shizuoka, Odawara und Yokohama. Das japanische Eisenbahnnetz ist zum größten Teil in Kapspur (1067 mm) angelegt und die Tokaydo-Bahn war schon lange an der Grenze ihrer Leistungsfähigkeit angelangt, fuhren doch täglich 220 Züge in beiden Richtungen auf ihr.

Der Neubau, den man zu planen gezwungen war, ist in mancher Hinsicht beispielhaft und zeigt eigentlich, wie man sich verhalten würde, müßte man heute noch einmal mit dem Eisenbahnbau beginnen. Zunächst einmal wandte sich Japan von der Kapspur ab und wählte die Normalspur. Dann wurde die Bahn von vornherein als Schnellbahn angelegt, auf der Geschwindigkeiten bis zu 250 km/h gefahren werden können. Das bedeutet optimale Linienführung, Kurven nicht unter 2500 m Radius und Neigungen maximal 15 ‰.

Der Bau der neuen Strecke wurde nach modernsten Gesichtspunkten betrieben. Er forderte zahlreiche Kunstbauten, da es keine schienengleichen Kreuzungen mehr gibt. Allein 67 Tunnels waren erforderlich, in den großen Städten mußte die Strecke als Hochbahn angelegt werden. Trotz vieler Erschwernisse fand die Eröffnung am 1. Oktober 1964 nach fünfjähriger Bauzeit programmgemäß statt. Der Betrieb wird nicht mit Lokomotivzügen, sondern mit Triebwagen durchgeführt, die nach Verkehrsdichte beliebig zusammengestellt werden können. Je zwei Triebwagen, Bo'Bo' bilden eine starr gekuppelte elektrische Einheit, ein Zug kann aus bis acht solchen Einheiten, also aus 16 Wagen bestehen. Da alle Achsen angetrieben werden, ergibt sich eine hohe Anfahrbeschleunigung und günstige Verteilung von Zugkraft und Zuglast. Während der Fahrdraht der Bahn unter 25 kV Spannung bei 60 Hz Landesfrequenz liegt, sorgen Silizium-Gleichrichter und Transformatoren für eine Motorspannung von 1700 V Gleichstrom. Die Fahrzeuge werden sowohl elektrisch als auch mit Druckluft gebremst.

Doch das ist alles noch nicht einmal so wichtig und entscheidend. Das Neue an der Tokaydo-Bahn ist eigentlich die Betriebsweise. Die Züge werden nämlich nicht mehr vom Lokführer gesteuert und bedient. Selbstverständlich sitzt er noch in seinem Führerstand. Aber er ist nur noch Kontrollorgan, beobachtet die Fahrdrahtspannung, den Motorenlauf und leitet die Schlußbremsung bis zum Halt am Bahnsteig ein, genau wie er das Anfahren besorgen muß. Der Lauf des Zuges an der Strecke wird jedoch zentral gelenkt und durch elektrische Impulse gesteuert. Die Bahn besitzt nämlich keine ortsfesten Signale im landläufigen Sinne mehr. Längs der Strecke sind in 1,5 km langen, voneinander isolierten Gleisabschnitten Sende- und Empfangsschleifen montiert, die sechs verschiedene Code-Gleisstromkreisimpulse senden. Mit ihrer Hilfe erscheinen am Führerstandsignal in Leuchtziffern sechs verschiedene Signalbegriffe. Die Stromimpulse betätigen gleichzeitig die Fahr-Bremsapparatur des Systems, die 5 Geschwindigkeiten kennt: 210 — 160 — 110 — 70 — 30 — 0 km/h. Bis zu 30 km/h bedient der Lokführer selbst den Zug. Darüber hinaus steuern die Streckenimpulse die Fahrt. Fährt also der Zug mit einer höheren Geschwindigkeit in einen Streckenabschnitt ein als vorgeschrieben, so wird er durch dieses System automatisch auf die betreffende Geschwindigkeit gebracht. Umgekehrt lösen sich die Bremsen, sobald wieder schnellere Fahrt erlaubt ist. Die Strecke wird von einer Zentrale aus mittels einer 20 m langen Gleisbildleuchttafel, die alle Züge und Blockabschnitte darstellt, überwacht. Berührt der Zug einen Bahnhof, so signalisiert er seine Nummer an das dortige Befehlsstellwerk, das dann selbsttätig die Fahrstraßen einstellt und nach Durchfahren auch wieder aufhebt.

Die Zukunft hat schon gestern begonnen, möchte man bei der Betrachtung dieser Dinge sagen. Nun, eine Fahrt auf Sicht dürfte allerdings bei diesen Verhältnissen auch nicht empfehlenswert sein, haben doch die Blitzzüge, die dort verkehren, eine Reisegeschwindigkeit von 171 km/h und legen die 515 km in 3 Stunden zurück. Das ganze System ist so konstruiert, daß die Züge zu den Spitzenzeiten des Verkehrs in 5 Minuten Abstand einander folgen können.

Daß sich aus dem Bau dieser Bahnstrecke Impulse auf das Eisenbahnwesen der ganzen Welt ergaben, ist verständlich. In Europa hat man schon vor Jahren begonnen, die Steuerung und Überwachung des Zugverkehrs zu zentralisieren. In Frankreich wurde beispielsweise die „Banalisierung" gewisser Strecken erprobt. Das heißt, ein bestimmter Streckenabschnitt wird von einem Zentralstellwerk aus gesteuert, so daß die Züge beliebig nach beiden Richtungen fahren können. Haben sich also beispielsweise auf einem Bahnhof Güterzüge aus irgendeinem Grunde angestaut, so ermöglicht dieses System, die Züge in ein- und derselben Richtung auf allen Hauptgleisen abfahren zu lassen und so den Bahnhof in kürzester Zeit zu leeren.

Das war nicht immer so. Blenden wir des Vergleiches halber noch einmal in die berühmte gute alte Zeit zurück:

Fuhr ein Zug von seinem Ausgangsbahnhof ab, dann wurde er von dem diensthabenden Beamten mittels Telegrafen an das nächste Stellwerk gemeldet. Bei dem geringen Zugverkehr in alten Zeiten bedeutete das eine wichtige Funktion, einen Zug „abfertigen" und „ablassen"! Es begann damit, daß — war die Meldung von der bevorstehenden Ankunft des Zuges eingetroffen, also in Form eines Bandstreifens aus dem blank geputzten messingenen Morseapparat herausgeringelt — die Fahrstraße gestellt werden mußte. Ein spezieller Beruf hatte sich aus dieser wichtigen Funktion herausgebildet: Weichensteller. Der saß nämlich mit im Stellwerkshäuschen beim Fahrdienstbeamten.

Die Anweisung wurde ihm in militärisch knappem Ton erteilt:

„Schulze, stellen Sie die Weiche 5 für Zug 8 auf Durchfahrt im geraden Strang und das Signal nach Adorf auf frei!"

Weichensteller Schulze machte sich in aller Gemütsruhe auf die Socken, setzte die Eisenbahnermütze auf, stapfte quer über die Schienen und „schmiß" den Wurfhebel von Weiche 5 herum, daß das Eisen klirrte. Dann marschierte er zum Signal, leierte sorgfältig und gewissenhaft den Ballon oder den Korb, je nachdem welcher Konstruktion es war, in die Höhe.

Der Fahrdienstbeamte war inzwischen aus seinem Häuschen getreten, hatte sich von der ordnungsgemäßen Durchführung seines Befehles überzeugt und wartete dann auf den heranbrausenden Schnellzug, der schließlich mit der schwindelerregenden Geschwindigkeit von vollen 50 Stundenkilometern, von einer 1 A 1-Lokomotive geführt, herangewackelt kam.

War der Zug vorüber, dann klapperte der Beamte auf seiner Morsetaste herum, um den Zug an die nächste Station oder Befehlsstelle weiterzumelden, wo sich das Spielchen in der gleichen Reihenfolge wiederholte.

Das wurde besser, als man dazu überging, nicht mehr den Weichensteller Schulze in Marsch zu setzen, sondern vom Stellwerk aus gleich Weiche und Signal zu bedienen. Ein großer Hebel betätigte über lange Seilzüge die entsprechenden Vorrichtungen, und auf großen Bahnhöfen mußten die Drähte manchmal um drei, vier Ecken herumgeführt werden. Das bedeutete, daß der Weichensteller, der nunmehr auf dem Stellwerk seßhaft geworden war, in die Hände spuckte und sich dann wie ein Berufsringer ins Zeug legte, den manchmal „mordsschwer" gehenden Hebel nach unten zu drücken.

Nun, die große Zeit der Hebelstellwerke ist noch gar nicht so lange vorüber, auf Klein- und Nebenbahnen stehen sie sogar heute noch und genügen vollauf den einfachen Verhältnissen.

Der Eisenbahntechnik kommt ja nun die moderne Elektrotechnik sehr entgegen. Sie ermöglicht erst den Bau der bekannten Zentralstellwerke, die auf kleinstem Raum mit Hilfe kleiner Drucktasten das ausführen können, wozu früher ein Dutzend alter Hebelstellwerke notwendig waren. Diesen Neuschöpfungen ist wiederum die Umstellung des Zugsicherungswesens vorangegangen, das, was wir heute Selbstblock nennen. Als Weichen und Signale zentral vom Stellwerk aus betätigt wurden, teilte man die Strecke in einzelne Blockabschnitte ein, in welche ein Zug erst hineinfahren kann, wenn der betreffende Abschnitt auch wirklich vom vorhergehenden Zug geräumt worden war. Damals entstand die „Blockstelle". Mit anderen Worten heißt das, daß sich das Einfahrtssignal nur auf „Frei" stellen ließ, wenn der vorhergehende Zug den Block verlassen und das Ausfahrtssignal hinter ihm wieder auf „Halt" stand. In einem großen Schaltschrank war ein System von Verriegelungen untergebracht, das menschliches Versagen bereits auf ein Minimum reduzierte.

Beim Selbstblock ist die Arbeit der Stellwerke teilweise überflüssig geworden, denn der Zug steuert seinen Lauf selbst. Die Strecken-Lichtsignale zeigen grundsätzlich „Grün". Die Schienen dienen zugleich als elektrische Leitung, welche durch die Wagenachse ihre Kontakte empfängt. Ist der Zug in einen Streckenabschnitt eingefahren, springen die Signallichter hinter ihm automatisch auf „Rot". Hat er den Block wieder verlassen, sind also die Deckungssignale am Ende des Blockes auf „Rot" gegangen, dann können die Einfahrtssignale auf „Grün" umschalten, denn die Strecke ist wieder frei. Mit den Schienen sind elektrische Gleisfreimelder gekuppelt, welche die nötigen elektrischen Befehle geben. Da sich dieses System natürlich nur auf freier Strecke durchführen läßt, werden die Fahrstraßen auf den Bahnhöfen durch die Gleisbildstellwerke eingestellt. In Frankfurt (Main) Hbf und in München Hbf stehen die größten derartigen Anlagen im Bereich der DB. Betrachten wir einmal das Münchener Zentralstellwerk als modernstes seiner Art.

Das im Oktober 1964 in Betrieb genommene neue Stellwerk löst 11 elektro-mechanische Bahnhof-Stellwerke, 5 Block- und eine Abzweigstelle ab, zum Teil Anlagen, die noch aus der Zeit vor 1930 stammen. Erstmals in einem Bahnhof von solcher Größe wurde die neue Stellwerktechnik SpDrS60 angewandt, die als vorläufige Endstufe einer 20jährigen Entwicklung auf dem Gebiet der Gleisbild-stellwerktechnik gilt. Eine tolle Bezeichnung, die aber ihren Nimbus verliert, erfährt man, daß es „Spurplan-Drucktastenstellwerk, Bauart Siemens — Ent-wicklungsjahr 1960" von Rechts wegen heißt. Die ganze Anlage ist in einem hohen Turm untergebracht, dort sitzen die 4 Fahrdienstleiter des Münchener Haupt-bahnhofes unmittelbar an vier Stelltischen und bedienen allein 295 Weichen- und Gleissperren, 253 Lichtsperrsignale, 40 Haupt- und 11 Vorsignale und noch vieles andere mehr, was zum Bahnbetrieb erforderlich ist. Die sieben in den Hauptbahnhof führenden Strecken sind alle mit Selbstblock ausgerüstet, die Abzweigstellen sind ferngesteuert und für Zuglenkbetrieb eingerichtet.

Die optische Zugnummernmeldeanlage gibt den Fahrdienstleitern einen kom-pletten Überblick über alles, was auf den Gleisen des Münchener Raumes geschieht. Mit Hilfe der Zugnummernmeldung wird durch Vorwahl eines besonderen Richtungszeichens und Befahren eines festgelegten Gleisabschnittes vor dem Ein-fahrtssignal der Zuglenkbetrieb in den Abzweigstellen eingeleitet, d. h., die Fahrstraße wird automatisch eingestellt. Man muß sich das einmal in seiner ganzen Tragweite vorstellen: Diese Zugnummernmeldung läuft in der künftigen Entwicklung darauf hinaus, daß der Fahrdienstleiter nur noch in einen Telefon-wähler die Zugnummer einwählt und damit ist die Geschichte bereits erledigt, Weichen, Signale, alles stellt sich von selbst ein. Technik von morgen, die wir heute schon praktizieren.

Die Vorteile der Spurplanstellwerke liegen in der Beweglichkeit und Schnellig-keit der Betriebsführung. Die konventionelle Spurplantechnik arbeitet heute mit Relais. Das Zentralstellwerk München hat rund 50 000 solcher Relais. Die Schnelligkeit als Hauptvorteil der Elektronik bringt bei der Steuerung der Stellwerke keine zusätzlichen Gewinne, da z. B. die Umstellzeit der Weichen nicht verkürzt werden kann und für die Abwicklung des Zugverkehrs ohnehin bestimmte Mindestzeiten erforderlich sind. Nur auf den Gebieten, wo zunächst keine sicherungstechnischen Belange berücksichtigt werden müssen und wo die Schnelligkeit von hohem Nutzen ist, wird und wurde bisher die Elektronik wie

Die elektrischen Lokomotiven der SNCF gehören zu den schnellsten der Welt.

z. B. in Ablaufstellwerken und bei Problemen der automatischen Betriebsführung und Zugsteuerung — wir hörten bereits davon — angewendet.

Wenn wir die Fachzeitschriften des Eisenbahnwesens verfolgen, begegnen uns laufend Meldungen, wie hier und dort neue selbsttätige Anlagen eingerichtet wurden. Ja, man begann sogar mit Versuchen, den Lokführer ganz zu ersetzen und Züge automatisch anfahren und halten zu lassen, so bei einzelnen Stadt- und Industriebahnen.

Inzwischen ist man auch dazu übergegangen, den Rangierdienst zu automatisieren. Auf den Rangierbahnhöfen Seelze und Kornwestheim wurden erstmals in Deutschland elektronische Gleisbremssteuerungen eingerichtet, um den Rangierbetrieb schneller und mit weniger Personal ausführen zu können. Zwangsläufig wird man dazu kommen, auch andere Bahnhöfe mit dieser Einrichtung auszustatten, schauen wir uns also einmal an, wie die Geschichte funktioniert.

In einem Magnetkernspeicher wird das Programm des Ablaufes über einen Lochstreifen oder manuell über eine Tastatur eingespeichert. Der Lochstreifen wird beim Ausschreiben des Rangierzettels gleichzeitig mit hergestellt. Insgesamt können 48 Abläufe eingespeichert werden, jede Speicherung läßt sich einzeln löschen oder korrigieren.

Ein zweiteiliger Zusatzspeicher gestattet die nachträgliche Zwischenspeicherung einzelner Laufrichtungen an jeder beliebigen Stelle des Ablaufspeichers. Jeder abrollende Wagen fragt selbst seinen Laufweg aus dem Speicher ab. Die Gleisfreimeldung und davon abhängig die selbsttätige Steuerung der Weichen geschieht über eine elektronische Achszählanlage. Läuft ein Wagen auf den vorhergehenden zu weit auf, so daß keine genügende Sicherheit für die einwandfreie Weichenumstellung mehr vorhanden ist, so wird der Auftrag automatisch gelöscht. Auf dem Ablaufstelltisch wird der Falschläufer angezeigt: es leuchtet sowohl die Nummer des Sollgleises, in das der Wagen laufen sollte, wie des Istgleises, in das der Wagen gelaufen ist, auf.

Die abrollenden Güterwagen werden in 12 bis 20 m langen Gleisbremsen soweit abgebremst, daß sie möglichst ohne zusätzliche Bremsung durch Hemmschuhe an ihrem Ziel ankommen. Etwa 8 m vor der Bremse wird mit Hilfe von Dehnungsmeßstreifen aus der Schienendurchbiegung das Wagengewicht ermittelt und proportional dazu die Bremse gesteuert. Damit erreicht man, daß jeder Wagen — unabhängig vom Gewicht — mit etwa gleicher Bremsverzögerung abgebremst wird.

Innerhalb der Bremse wird die Geschwindigkeit der Wagen mittels Doppler-Radar kontrolliert. Bei Erreichen der gewünschten Auslaufgeschwindigkeit, die sich nach dem Laufweg und den Laufeigenschaften des Wagens richtet, löst sich die Bremse automatisch.

Die Überwachungseinrichtungen für die selbsttätigen Funktionen des Ablaufes und für die Bedienung der radargesteuerten Gleisbremsen werden auf einem Stelltisch zusammengefaßt. Der Bedienende hat nur noch für die Eingabe des richtigen Ablaufprogramms in den Zugspeicher zu sorgen und während des Ablaufens die Geschwindigkeit der Wagen zu regeln. Somit kann ein Mann den ganzen Ablaufbetrieb allein steuern und überwachen.

Das klingt nun alles sehr technisch und manchmal auch recht geheimnisvoll. Trocken liest sich's außerdem. Eines steht jedoch fest: Wer sich auch für die zukünftige Entwicklung des Eisenbahnwesens interessiert, der kommt nicht daran vorbei, sich mit diesen Dingen intensiv zu befassen. Denn auch im Schienenverkehr gehört der Automation die Zukunft, und wir alle müssen lernen, daß eben Relais, Spurplandrucktastentechnik und elektronische Kernspeicherung zum Eisenbahnwesen gehören. Freilich, früher war das einfacher. Der gute Weichensteller Schulze hat davon noch nichts gewußt. Damals gab es aber auch noch keine Schallgeschwindigkeit für Flugzeuge, damals war die Welt noch ein wenig einfacher angelegt. Es hilft alles nichts, die Eisenbahnen werden gegenwärtig durch die allgemeine wirtschaftliche und soziale Entwicklung gezwungen, mit allen Mitteln und Möglichkeiten eine Rationalisierung anzustreben, denn unser bisheriger Bahnbetrieb stammt noch aus einer Zeit, als Löhne und Gehälter niedrig, die Kohle billig, die Anforderungen des Publikums geringer und vor

Zu den bedeutendsten Bahnbauten der Welt gehört die Gotthardbahn. Unser Bild zeigt einen Reisezug auf der unteren Wassener Kehre. (Foto: Bellingrodt)

allem keine Konkurrenz für den Schienenverkehr bestand, als die Eisenbahn noch das Monopol in der Beförderung von Reisenden und Gütern innehatte.

Die Verhältnisse haben sich eben grundlegend geändert. Die Löhne sind hoch, die Kohle teuer, das Öl billig, die Fahrgäste können zwischen verschiedenen Beförderungsmöglichkeiten wählen und Güter lassen sich längst mittels Lastkraftwagen dem Empfänger unmittelbar ins Haus transportieren. Wollen die Eisenbahnen nicht ganz an Bedeutung verlieren, müssen sie attraktiv bleiben, rationell und billig arbeiten, mehr bieten als die Konkurrenz und vor allem das, was den anderen fehlt. Und das ist immer noch die alte Devise des Schienenstranges: Schnell, bequem und sicher!

Der größte Trumpf, den die Eisenbahnen noch auszuspielen haben, ist, daß sie in der Lage sind, alle diese drei Faktoren dem Fahrgast als bemerkenswerte Leistung anzubieten. Denn die anderen Verkehrsmittel genügen zwar der Schnelligkeit, hingegen lassen sowohl Bequemlichkeit als erst recht die Sicherheit sehr zu wünschen übrig.

Die französischen Eisenbahnen waren als erste in der Lage, ein Angebot von schnellen, komfortablen Zügen ins Leben zu rufen. Der „Mistral" ist der bekannteste jener prachtvollen Züge, welche die höchsten Reisegeschwindigkeiten in der ganzen Welt fahren und noch immer ungeschlagen sind. Die deutschen Bahnen konnten die Höchstgeschwindigkeit für den „Rheingold" und „Rheinpfeil" im Jahre 1962 auf 160 km/h erhöhen. Aber auch die anderen europäischen Bahnen sind nicht müßig. Höchstgeschwindigkeiten von 160 km/h sind bereits in den USA, Italien, Frankreich und der Sowjetunion zugelassen. Fest steht auf Grund genauer Untersuchungen, daß Geschwindigkeiten von 160 km/h auf vorhandenen Strecken einwandfrei gefahren werden können. Theoretisch wäre es heute bereits möglich, derartige Schnellzüge unbemannt und führerlos fahren zu lassen und sie vollautomatisch zu steuern. Vorläufig wird man aber auf den Lokführer nicht verzichten.

Nun hat sich aber eines herausgestellt. Die Trassierung, besonders der deutschen Bahnen, ist im Verlauf der Mittelgebirge so ungünstig — aus der historischen Entwicklung erklärbar — daß dort oft nur geringe Geschwindigkeiten, meist unter 100 km/h gefahren werden können. Will man also den Lauf eines Zuges beschleunigen, dann stehen diese Begrenzungen als konstantes Hindernis im Wege. Man kann also nur auf anderen geeigneten Strecken die Geschwindigkeit noch weiter erhöhen, um dann einen günstigeren Durchschnittswert zu erhalten. Die Deutsche Bundesbahn strebt folgende Geschwindigkeiten an:

TEE- und F-Züge	bis zu 200 km/h
Schnellzüge	140 km/h
Eil- und Personenzüge	120 km/h
TEEM und Schnellgüterzüge	100 km/h
die übrigen Züge	80 km/h

Im Jahre 1963 hat die Deutsche Bundesbahn eingehende Versuche auf der Strecke Bamberg—Forchheim mit umgebauten elektrischen Lokomotiven der

Baureihe E 10 gemacht, nachdem französische Probefahrten bereits nachgewiesen hatten, daß es möglich ist, planmäßig Züge mit Geschwindigkeiten von 190 bis 200 km/h zu befördern. Dabei stellte sich heraus, daß sowohl die elektrische Regelfahrleitung mit geringfügigen Änderungen den Ansprüchen solcher Geschwindigkeiten genügt, daß die Reisezugwagen mit den Drehgestellen der Bauart Minden-Deutz ebenfalls einwandfrei geeignet sind und nur die Bremse als Scheibenbremse ausgebildet werden muß, daß die Tragfähigkeit des Schienenmaterials ausreicht, lediglich die Signaltechnik und die Zugsicherung einer Änderung bedarf, denn es ist nicht möglich, einen Zug bei 200 km/h auf 1000 m — dem üblichen Vorsignalabstand — mit Sicherheit zum Halten zu bringen, ohne daß die Reisenden belästigt werden. Die Vorsignalabstände noch weiter zu vergrößern, würde aber diese Einrichtung sinnwidrig machen. Ungelöst ist auch das Problem der Begegnung zweier Züge mit hoher Geschwindigkeit im Tunnel. Wie man der dabei entstehenden Druckwelle ausweichen soll, konnte auch in Japan noch nicht befriedigend geklärt werden. Schließlich bedarf die Frage der Brückenbelastung sorgfältiger Prüfung. Man stelle sich einmal vor, wie es einem Brückenträger zu Mute sein muß, wenn plötzlich aus dem Zustand vollkommener Ruhe eine Lokomotive mit Wagen bei 200 km/h auf ihn buchstäblich hinauffällt.

Die Signaltechnik wird sich nur so lösen lassen, daß man den Lokführer des mit mehr als 140 km/h fahrenden Zuges durch besondere Signale über den Zustand des vor ihm liegenden Fahrweges informiert. Bei den Versuchen auf der Strecke Bamberg—Forchheim wurde ein neues System erprobt, das eine ständige drahtlose Verbindung zwischen den festen Streckensignalen und dem fahrenden Zug ermöglicht. Auf Grund der Meldungen über die Stellung der vorgelegten Signale wird auf dem Fahrzeug eine sogenannte Geschwindigkeits-Sollkurve (nach Maßgabe der Betriebsbremsung) elektronisch entwickelt und dem Lokführer zusammen mit dem verfügbaren Bremsweg angezeigt. Der Lokführer muß also seine Fahrweise so einrichten, daß die Ist-Geschwindigkeit stets unter dem Soll bleibt. Tut er das nicht, so wird eine Zwangsbremsung ausgelöst. Man kann noch weiter gehen und eine Fahr- und Bremsautomatik einrichten, die an Stelle des Lokführers die Geschwindigkeit selbsttätig regelt. Das würde dann so aussehen, daß die Fahrt vorher „programmiert" wird und ein elektronischer Rechner die jeweilige Fahrgeschwindigkeit festlegt unter Berücksichtigung der durch drahtlose Verbindung gemeldeten Signalstellung. Man plant sogar, die Triebfahrzeuge mit einer Sendeeinrichtung zu versehen, um den laufend gemessenen Fahrort an eine Zentrale zu melden als verfeinertes System mit selektiver Ortung und zyklischer Abfrage (ganz technisch ausgedrückt!). So ist der geplante Betrieb von Schnellfahrzügen eine Vorstufe zum vollständig automatischen Zugverkehr, der dann so aussehen wird, daß der Lokführer auf dem Ausgangsbahnhof einen Lochstreifen, der alle Fahrzeiten einschließlich Langsamfahrstellen enthält, in die elektronische Rechenanlage der Maschine einlegt, sich daraufhin in den Speisewagen begibt, um ausgiebig zu frühstücken und die neueste Zeitung zu lesen.

Klingt das nicht märchenhaft?

Wir sehen aber aus dieser Darstellung, welch große Möglichkeiten noch in unserem Eisenbahnwesen stecken, leider aber auch, welch hohe finanzielle Aufwendungen noch geleistet werden müssen. Denn Voraussetzung für den Betrieb mit Höchstgeschwindigkeitszügen bleibt in erster Linie die Sicherung der Bahntrasse, Beseitigung von schienengleichen Kreuzungen, Verbesserung der Bahnhofsdurchfahrten, Beseitigung ungünstiger Krümmungen, wobei von einem generellen Umbau der Strecken, der ja völlig utopisch wäre, nicht die Rede sein soll. Nein, diese kleinen Veränderungen — man hat zunächst an den Ausbau der Strecke Vinnhorst — Celle — Uelzen gedacht, kostet bereits eine recht große Kleinigkeit. Hierin liegt die Achillesferse der Angelegenheit. Man muß der Eisenbahn die Möglichkeit geben, ihre Vorzüge auch wirklich beweisen zu können. Die Zukunft wird bestätigen, ob der 19. Juni 1963, der Tag, an welchem auf dem Gleis Forchheim — Bamberg Versuchsfahrten mit Geschwindigkeiten von über 160 km/h begannen, eine der Sternstunden der deutschen Eisenbahnen gewesen ist. Im Februar 1965 wurde nun die erste Schnellfahrlokomotive der Baureihe E 03, die für eine planmäßige Höchstgeschwindigkeit von 200 km/h gebaut wurde, in Dienst gestellt. Die sechsachsige Riesenmaschine ist schon sehenswert. Mit ihren 6 Fahrmotoren weist sie eine Nennleistung von 8750 PS bei Höchstgeschwindigkeit auf. Kurzzeitig kann für etwa 10 Minuten eine Leistung von mehr als 12 000 PS abgegeben werden. Damit wird es möglich sein, einen bis zu 8 Wagen bestehenden Fernschnellzug in knapp 3 Minuten aus dem Stillstand bis auf 200 km/h zu beschleunigen.

Ausführung und Leistung der Lokomotive entsprechen ganz der speziellen Aufgabe, mit hohen Geschwindigkeiten zu fahren. Gleich leistungsfähig ist auch die elektrische Bremse, die im Bereich zwischen 200 und 100 Stundenkilometern allein eine Bremskraft von 18 t aufbringt. Das entspricht einem Startschub eines großen Düsenflugzeuges mit 3 Triebwerken. Zusammen mit den ebenfalls sehr leistungsfähigen Druckluftbremsen kann ein Zug in kürzester Zeit aus voller Fahrt mit 200 Stundenkilometern abgebremst werden.

Die E 03 ist die erste Lokomotive der Deutschen Bundesbahn, die mit einer selbsttätigen Geschwindigkeitsregelung ausgerüstet ist. Der Lokführer braucht nur noch die gewünschte Geschwindigkeit einzustellen, die dann automatisch mit der günstigsten Beschleunigung erreicht und unabhängig von Steigungen oder Gefällen eingehalten wird. Erstmals werden auch Stellung und Entfernung der vorausliegenden Signale per Funk zur Lokomotive übermittelt, wo die zulässige Geschwindigkeit elektronisch errechnet und alle Daten im Führerstand angezeigt werden, so daß sie auch bei hohen Geschwindigkeiten vom Lokführer in Ruhe beobachtet werden können.

Die Maschinen haben inzwischen ihre Bewährungsprobe abgelegt und sind für die Traktion besonders renommierter Züge eingesetzt worden.

Aber nicht nur auf dem Gebiet der Elektrolokomotive bahnen sich Höchstleistungen an, auch die Diesellok hält Schritt. Im Jahre 1962 erschien bei der DB die große V 320, mit 3500 PS eine besonders leistungsfähige Diesellokomotive.

Ist die V 320 sechsachsig, so gelang den Franzosen ein ganz besonderer Wurf, eine Leistung, die wir nicht unbeachtet lassen können.

Im Jubiläumsjahr ihres 25jährigen Bestehens stellte die Französische Staatsbahn (SNCF) die zur Zeit stärkste Diesellokomotive der Welt in Dienst. 4800 PS leistet dieser vierachsige dieselhydraulische Gigant mit der Betriebsnummer BB 69 001, gebaut von Schneider in Creuzot. Umwälzende Neuerung bei einer Lokomotive dieser Größenordnung sind die zweiachsigen Drehgestelle mit den direkt eingebauten vollautomatischen Voith-Turbogetrieben mit 2234 PS Eingangsleistung. Im Dezember 1963 fanden die ersten Probefahrten der BB 69 001 statt. Die Lokomotive stellte in jeder Hinsicht eine Spitzenleistung dar, die so rasch nicht zu übertreffen ist, wird die Leistung von 4800 PS doch bei einem Gesamtgewicht von nur 84 t erzielt.

Es gibt Jahre, die doppelt schwer in der Entwicklung und der Geschichte des Eisenbahnwesens zählen. Denken wir an das Jahr 1829, als das Lokomotivrennen zu Rainhill in England die eindeutige Überlegenheit der Stephensonschen Röhrenkessellokomotive bewies und die „Rocket" zur Urahne aller späteren Dampflokomotiven wurde. Drei Jahre später sollen Matthews und Jervis auf der Delaware & Hudson Rd in den USA mit einer Lokomotive und 3 Wagen bereits die damals unvorstellbare Geschwindigkeit von 80 m. p. h. gleich 128 km/h erreicht haben. Denken wir an die Jahre 1904 und 1907, als auf deutschen Bahnen die ersten Schnellfahrversuche unternommen wurden. Auf der Strecke Marienfelde—Zossen erreichten Schnellbahnwagen erstmals Geschwindigkeiten bis zu 210 km/h. Dampflokomotiven brachten es bis auf 155 km/h.

Gehört das Jahr 1965 auch zu jenen, die spätere Generationen in ihren Geschichtsbüchern einmal besonders herausstellen werden? Wir wollen es hoffen. Freilich sagt der Dichter Emanuel Geibel: „Zwar folgt auf den Fortschritt ewig der Rückschlag, doch er verbraust und es bleibt immer ein Rest des Gewinns."

Unsere alte Eisenbahn ist jünger denn je. Es schlummern noch so viele Möglichkeiten in ihr, daß uns auch vor einem Rückschlag nicht bange ist. Unser Buch hat uns einen Blick in die weite Welt des Schienenstranges werfen lassen, in Vergangenheit, Gegenwart und Zukunft einer der größten Erfindungen der Menschheitsgeschichte. Es gäbe diese Welt nicht ohne das Wirken der zahlreichen Erfinder, Techniker, Ingenieure, die Stein um Stein zu diesem gewaltigen Gebäude zusammengetragen haben. Stellen wir an den Schluß unseres Buches ein Wort des Dichter-Ingenieurs Max-Maria von Weber:

„Es gibt noch keinen Ruhm für den Techniker! Aber darum ist es unsere Pflicht, jener ‚gebildeten Welt' oft von denen zu erzählen, deren Segnungen ohne Dank und so selbstverständlich hingenommen werden wie die Triebkraft des Windes und die Tragkraft des Wassers. Die Erzeugnisse des Genius dieser Art sind die edelsten Produkte des Menschengeistes, gleichviel ob er sich dabei in Gestalt eines Gebäudes, ein Statue, einer Dichtung oder einer Maschine manifestiert. Sie sind das beste Besitztum der Menschheit überhaupt. —"

Anhang

Übersicht über das Bezeichnungswesen für Wagen
der Deutschen Bundesbahn

In den letzten Jahren befand sich das Bezeichnungswesen für Güterwagen in einer generellen Umstellung begriffen, werden doch bei allen europäischen Bahnen (UIC und OSShD) einheitliche Kennzeichen eingeführt. Auch für die Anschriften von Reisezugwagen gelten neue UIC-Bestimmungen, nachdem sich bereits in den letzten Jahren ihre Bedeutung mehrfach geändert hat. Da ein Reisezugwagen nur etwa alle 5 Jahre frisch gestrichen und erst dann neu beschriftet wird, bestehen neue und ältere Kennzeichen nebeneinander. Nachstehend ist der neueste Stand im Bezeichnungswesen wiedergegeben, wobei in Kauf genommen werden muß, daß noch Wagen mit älteren, hier nicht näher erläuterten Kennzeichen in Betrieb stehen.

Reisezugwagen

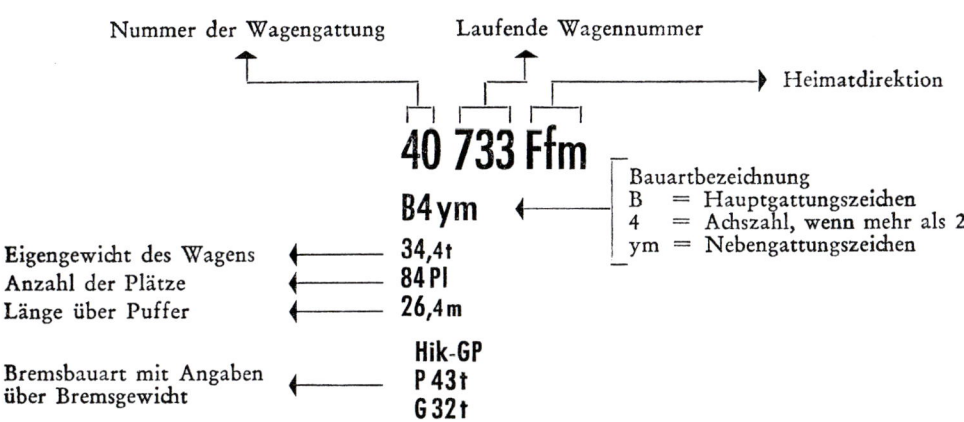

Hauptgattungszeichen

A	Sitzwagen 1. Klasse
B	Sitzwagen 2. Klasse
Bc	Sitzwagen 2. Klasse mit Liegeeinrichtung (couchette)
AB	Sitzwagen 1. und 2. Klasse
AR	Sitzwagen 1. Klasse mit Speiseraum und Küche
BR	Sitzwagen 2. Klasse mit Speiseraum und Küche

175

BD	Sitzwagen 2. Klasse mit Gepäckabteil
DAB	Doppelstockwagen 1. und 2. Klasse
DB	Doppelstockwagen 2. Klasse
K	Schmalspurwagen
L	Wagen Langenschwalbacher Bauart und Lokalbahnwagen der Regelspur
MB	Behelfssitzwagen 2. Klasse der Baujahre 1943—45
MD	Reisezuggepäckwagen aus Behelfswagen 1943—45
Post	Bahnpostwagen
DPost	Reisezuggepäckwagen mit Postraum
D	Reisezuggepäckwagen
Salon	Salonwagen
WG	Gesellschaftswagen
WLA	Schlafwagen 1. Klasse (Wagon Lits)
WLAB	Schlafwagen 1. und 2. Klasse
WLB	Schlafwagen 2. Klasse
WR	Speisewagen
Z	Zellenwagen

Nebengattungszeichen (in nachstehender Reihenfolge vorgeschrieben)

ü	Schnellzugwagen mit Faltenübergängen, geschlossenem Seitengang in den Sitzwagen z. B. AB4ü
y	Eil- und Personenzugwagen mit Faltenübergängen und Mittelgang oder offenem Seitengang z. B. B4y
i	Eil- und Personenzugwagen mit offenen Übergängen mit Mittelgang oder offenem Seitengang z. B. ABi
m	Wagen mit einer Länge von mehr als 24 m, Gummiwulstübergängen anstelle der Faltenbälge und elektrischer Heizung oder Heizleitung z. B. AB4üm
n	Nahverkehrswagen mit einer Länge von mehr als 24 m, mit Gummiwulstübergängen, geschlossenem Seitengang in der 1. Klasse, Mittelgang in der 2. Klasse, elektrischer Heizung und 2 Mitteleinstiegen z. B. AB4n
g	in Verbindung mit y = Gummiwulstübergänge z. B. B4yg (entfällt bei Wagen mit Nebengattungszeichen m und n)
s	in Verbindung mit y oder i = geschlossener Seitengang in der 1. Klasse z. B. AB4ys Gepäckwagen mit Seitengang z. B. D4üs Schlafwagen mit Einzelabteilen (special) z. B. WLAs
w	Lenkachswagen mit Polstersitzen in der 2. Klasse z. B. ABiw (entfällt bei 3yg sowie bei Schienenomnibussen)
k	Wagen mit Wirtschafts- und Küchenabteil z. B. Bc4ümk

| (e) | Wagen mit elektrischer Haupheizleitung z. B. D4ü (e) (Entfällt bei Wagen mit Nebengattungszeichen m, n und 4yg) |
| f | Wagen mit Führerstand z. B. BD4nf (nicht für Steuer- und Beiwagen der Triebwagenbauart) |

Nebengattungszeichen des Rheingoldzuges:

v	verlängerte Abteile
p	Pullman-Wagen
D	Dom-Wagen
Z. B.	
Av4üm	Abteilwagen
Ap4üm	Großraumwagen
AD4üm	Aussichtswagen

Wichtige Bremskurzzeichen (Auswahl)

R	Bremse entspricht den UIC-Bedingungen einer Hochleistungsbremse der Gattung „R" (früher S bezeichnet)
W-G	Westinghousebremse für Güterzüge
K-G	Knorrbremse für Güterzüge
K-GP	Knorrbremse für Güter- und Personenzüge mit oder ohne Beschleunigungsorgan
Kk-G	Kunze-Knorr-Bremse für Güterzüge
KE-G	Knorr-Bremse KE für Güterzüge (Steuerventil KE1)
Hik-GP	Hildebrand-Knorr-Bremse für Güter- und Personenzüge
KE-GP	Knorr-Bremse KE für Güter- und Personenzüge
KE-P	Knorr-Bremse KE für Personenzüge mit oder ohne Gleitschutz M
Hik-GP-A	Hildebrand-Knorr-Bremse für Güter- und Personenzüge mit selbsttätiger Lastabbremsung (Steuerventil Hikp 1)
KE-GP-A	Knorr-Bremse KE wie vor
Kk-GPR	Kunze-Knorr-Bremse für Schnellzüge mit Bremsdruckregler und Bremsartwechsel G-P-R
Hik-GPR	Hildebrand-Knorr-Bremse wie vor
KE-GPR	Knorr-Bremse KE für Schnellzüge mit Achslagerbremsdruckregler, Bremsartwechsel G-P-R und mit Gleitschutz M2 (Hochleistungsbremse der Gattung R)
KA-P	Knorr-Autobremse für Schienenomnibusse
WA-P	Westinghouse-Bremse für Schienenomnibusse

Die alten Bremszeichen SS (RR) sind entfallen, die Bremsartstellung S ist in R (Rapid) geändert worden.

Mg	Magnetschienenbremse
m Z	Zusatz-Bremse für Lokomotiven
el	elektrische Bremssteuerung
As	Automatische Saugluftbremse

Sonstige Kennzeichen

Ohz	Ofenheizung
Hzl	Hauptdampfleitung
El Hzl	Elektrische Hauptheizleitung
Hzr	Heizungsregler
Hhz	Hochdruckdampfheizung
Nhz	Niederdruckdampfheizung
Nuhz	Niederdruckumlaufdampfheizung
El Hz	Elektrische Heizung
El Hzs	Elektrische Heizung mit selbsttätiger Regelung
Whzkü	Warmwasserheizung durch Kühlwasser
Whzö	Warmwasserheizung durch Ölfeuerung
Klima	Klimaanlage
Dyn Bl	Elektrische Beleuchtung für Einzelwagen mit Lichtgenerator und Batterie
Kl Dyn Bl	Kleinlichtanlage wie vor
Batt Bl	Beleuchtung mit Speicherbatterie
Gen Bl	Durchgehende Zugbeleuchtung
ZmL	Zugbeleuchtung mit Leuchtstofflampen
ZmGl	Zugbeleuchtung mit Glühlampen
AW	Bundesbahnausbesserungswerk
Bww	Bahnbetriebswagenwerk
Br	Bremsrevision
DSG	Deutsche Schlafwagen- und Speisewagengesellschaft
Dr	Drehgestell
ISG	Internationale Schlafwagengesellschaft
RIC	Übereinkommen über die gegenseitige Benutzung der Personen- und Gepäckwagen im internationalen Verkehr
RIV	Übereinkommen über die gegenseitige Benutzung von Güterwagen im internationalen Verkehr
UIC	Internationaler Eisenbahnverband
EUROFIMA	Europäische Gesellschaft für die Finanzierung von Eisenbahnmaterial

Güterwagen

Ab 1. 10. 1964 wurden die Güterwagen mit neuen, einheitlichen, internationalen Gattungszeichen versehen, die neben der Wagennummer eine für die Datenverarbeitung geeignete Verschlüsselung der Gattung mit einschließen. Die neuen Kennzeichen wurden von der UIC = Union Internationale des Chemins de Fer, und der OSShD = Organisazija Sodrushestwa Shelesnysch Dorog (Organisation für die Zusammenarbeit der Eisenbahnen), den beiden internationalen Vereinigungen des Westens und des Ostblocks, gemeinsam beschlossen. Bis zum 1. 10. 1968 sollen alle Wagen bei der UIC und der OSShD die neuen Anschriften tragen.

Die Ziffern und Buchstaben der Güterwagenbeschriftung haben nachstehende Bedeutung:

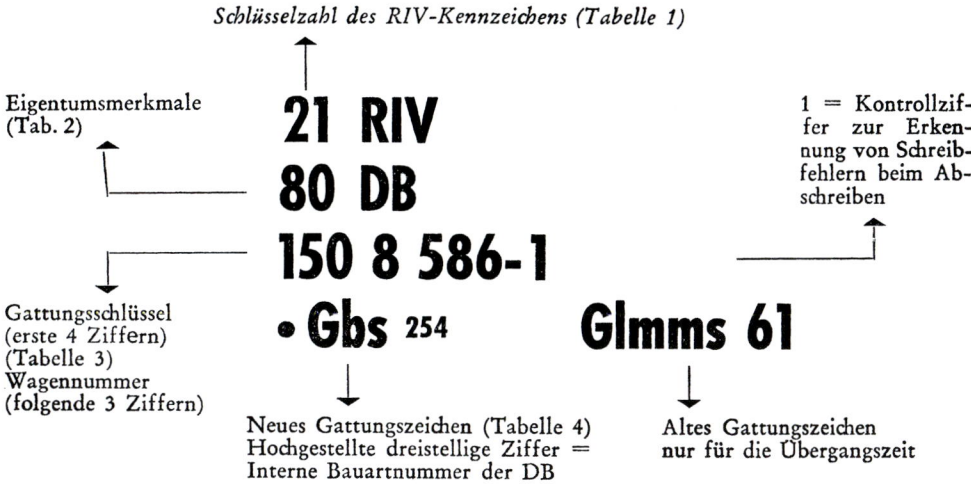

Schlüsselzahl des RIV-Kennzeichens (Tabelle 1)

Eigentumsmerkmale (Tab. 2)

1 = Kontrollziffer zur Erkennung von Schreibfehlern beim Abschreiben

21 RIV
80 DB
150 8 586-1
•Gbs 254   **Glmms 61**

Gattungsschlüssel (erste 4 Ziffern) (Tabelle 3) Wagennummer (folgende 3 Ziffern)

Neues Gattungszeichen (Tabelle 4) Hochgestellte dreistellige Ziffer = Interne Bauartnummer der DB

Altes Gattungszeichen nur für die Übergangszeit

Tabelle 1 Schlüsselzahl des RIV-Kennzeichens

1. Zahl des Schlüssels → / 2. Zahl des Schlüssels ↓		Binnenverkehr	RIV — PPW							PPW		
			Verschiedene Spurweiten							Spurweite unveränderlich	Verschiedene Spurweiten	
			1435/1524 durch:			1435/1672 durch:		1435 1524 1672			1435/1524 durch:	
			Spurweite unveränderlich	Achswechsel	Spurwechselradsatz	Achswechsel	Spurwechselradsatz				Achswechsel	Spurwechselradsatz
		0	1	2	3	4	5	6	7	8	9
bahneigene und Privatgüterwagen	Gemeinschaftlich betriebener Wagenpark Normaler Mietsatz — 0	—	01	02	03	04	05	06	07	08	09
	Gemeinschaftlich betriebener Wagenpark Sondermiete — 1	—	11	12	13	14	15	16	17	18	19
	Normaler Mietsatz — 2	20	21	22	23	24	25	26	27	28	29
	Sondermiete — 3	30*)	31	32	33	34	35	36	37	38	39

40—99: Reisezugwagen, Triebfahrzeuge, Reserve

*) Nicht dem öffentlichen Verkehr dienende Wagen (Dienstwagen)

Tabelle 2 Verschlüsselung der Eigentumsmerkmale

Beschreibung	2. Zahl des Schlüssels → / 1. Zahl des Schlüssels →	0	1	2	3	4	5	6	7	8	9
	0	—									
UIC-Verwaltungen mit russischer Breitspur, die nicht dem RIV angehören	1	VR	○								
OSShD-Mitglieder — europäische	2	SZD	ALB	○							
OSShD-Mitglieder — asiatische	3	KRZ	MTZ	DSVN	KZD						
Privatbahnen / Verwaltungen, die bei der OSShD und der UIC Mitglieder sind	4	○	○	○	GYSEV	BHEV					
	5	DR	PKP	BDZ	CFR	CSD	MAV				
Privatbahnen und ISG	6	○	ANZ	SP	BLS	FNM	RJK	ISG			
UIC-Mitglieder	7	BR	RENFE	JZ	CEH	SJ	TCDD	NSB	○		
Mitglieder des EUROP-Abkommens	8	DB	ÖBB	CFL	FS	NS	SBB	DSB	SNCF	SNCB	
UIC-Verwaltungen, die nicht dem RIV angehören — soweit nicht unter 1 fallend —, sowie IRAK	9	○	○	○	CCFP	○	○	IRAN	SYRIEN	LIBAN	IRAK

Tabelle 3   Schlüssel für die ersten beiden Ziffern der Gattungsnummer (die dritte und vierte Ziffer dienen der weiteren Unterteilung und der Bildung von Wagengruppen, da drei Stellen für die Numerierung von zahlenmäßig starken Gattungen nicht ausreichen).

2. Stelle → 1. Stelle ↓	0	1	2	3	4	5	6	7	8	9
0	Uh	G	H	K, O, R	L, S	E, T	F	Uh	I	U außer Uh
				Privatgüterwagen der Gattungen						
1	G	Gk	Gs	Gs	Gs	Gbs	Ghs	Gss	Ga	Gas
2	H	Hs	Hak	Hak	Haks	Ha	Ha	Has		
3	K	Km, Kmm	Km, Kmm	Ks	Kms, Kmms		O	Os	R	Rs
4	L	Ls	Laa, S	Laas, Ss					Sa	Saa
5	E	E	Em	Em	Ed	Eds	T	Ts	Ta	Ea
6	F	Fs						Fa		
7						bahneigene Kesselwagen (Uh)				
8	I, Is	I, Is, Ig	Ia	Ias			Iag			
9	U	Us	Ua	Uas	Güterzuggepäckwagen und nicht für den öffentlichen Verkehr verwendete Wagen (Dienstwagen) mit 2 Achsen			Güterzuggepäckwg. u. nicht f.d. öffentl. Verkehr verw. Wagen m. 4 Achsen	Unter 90—99 in der 3. und 4. Stelle	
	— ausgenommen Kesselwagen —				ohne s	mit s			Uai, Uais m. 6 Achsen	Uai, Uais m. 8 oder mehr Achsen

182

Tabelle 4   Gattungszeichen, bestehend aus Gattungsbuchstaben (groß) und Kennbuchstaben (klein)
Die Kennbuchstaben t—z dienen nationalen Belangen

Gattungsbuchstaben

(A—D Reisezugwagen)

E	Offene Wagen in Regelbauart stirn- und seitenkippbar	
	mit 2 Achsen:	Ladelänge 7,7 m oder darüber, Lastgrenze 20 t oder darüber
	mit Drehgestellen:	Ladelänge 12 m oder darüber, Lastgrenze 40 t oder darüber
F	Offene Wagen in Sonderbauart	
	mit 2 Achsen:	Lastgrenze 20 t oder darüber
	mit Drehgestellen:	Lastgrenze 40 t oder darüber
G	Gedeckte Wagen in Regelbauart mit 8 oder mehr Lüftungsöffnungen	
	mit 2 Achsen:	Ladelänge 9 m oder darüber, Lastgrenze 20 t oder darüber
	mit Drehgestellen:	Ladelänge 15 m oder darüber, Lastgrenze 40 t oder darüber
H	Gedeckte Wagen in Sonderbauart	
	mit 2 Achsen:	Lastgrenze 20 t oder darüber
	mit Drehgestellen:	Lastgrenze 40 t oder darüber
I	Kühlwagen mit mittlerer Isolierung, Fußbodenrosten und Eiskästen von 3,5 m³ oder mehr	
	mit unabhängigen Achsen:	Ladefläche mindestens 19 qm, Lastgrenze 15 t oder darüber
	mit Drehgestellen:	Lastgrenze 30 t oder darüber
K	Flachwagen in Regelbauart mit 2 Achsen, beweglichen Borden und kurzen Rungen, Ladelänge über 12 m, Lastgrenze 20 t oder darüber	
L	Flachwagen in Sonderbauart mit 2 Achsen Lastgrenze 20 t oder darüber	
R	Drehgestellflachwagen in Regelbauart mit abklappbaren Stirnwänden und Rungen, Ladelänge über 18 m, Lastgrenze 40 t oder darüber	
S	Drehgestellflachwagen in Sonderbauart Lastgrenze 40 t oder darüber	
O	Offen/Flach-Mehrzweckwagen in Regelbauart mit 2 Achsen, umklappbaren Borden und Rungen, Ladelänge über 12 m, Lastgrenze 20 t oder darüber	
T	Wagen mit öffnungsfähigem Dach und Türhöhe bis zu 1,90 m	
	mit 2 Achsen:	Lastgrenze 20 t oder darüber
	mit Drehgestellen:	Lastgrenze 40 t oder darüber
U	Sonstige Wagen und insbesondere Wagen in Sonderbauart für die Beförderung flüssiger, gasförmiger oder staubförmiger Güter, die nicht unter die Gattung F, H, L oder S fallen,	
	mit 2 Achsen:	Lastgrenze 20 t oder darüber
	mit Drehgestellen:	Lastgrenze 40 t oder darüber.

Kennbuchstaben

Kennbuchstaben	in Verbindung mit Gattungsbuchstaben	Bedeutung
a	E, F, G, H, I, T, U	} mit Drehgestellen
	L, O	
	S	mit 3 Achsen
		mit 6 Achsen
aa	L	mit 4 Achsen
	S	mit 8 Achsen oder mehr
b	F, G, H, T	großräumige Wagen — nur bei Wagen mit unabhängigen Achsen — (F = über 45 m³, G und H = über 70 m³, T = über 60 m³)
	I	mit großer Ladefläche (mindestens 22 m²) — nur bei Wagen mit unabhängigen Achsen
c	K	mit langen Rungen
	L, S	Großbehälter-Tragwagen (pa)
	H, T	mit Stirnwandtüren
	I	mit Fleischhaken
	L, S	mit Drehschemel
	U	mit Entladung durch Druckluft oder Luftstöße
cc	H	mit Stirnwandtüren und Inneneinrichtung (für Kfz-Beförderung)
d	E, F, T, U	mit Selbstentladung durch Schwerkraft — nur bei Wagen ohne flachen Boden —
	H	mit Bodenklappen
e	I	für Seefische
	H	mit 2 Böden
	H	mit elektrischer Luftumwälzung
	L, S	Doppelstockwagen für Kraftfahrzeuge
	T	Türhöhe über 1,90 m
	U	für Zement
ee	H	mit mehr als 2 Böden
f	F, H, I, L, O, S, T, U	} für den Fährbootverkehr mit Großbritannien geeignet
g	G, H, T, U	für Getreide
	I	Kühlmaschinenwagen
h	G, H	für Frühgemüse
i	I	mit starker Isolierung
	U	für flüssige oder gasförmige Güter
	H, T	mit öffnungsfähigen Seitenwänden
	U	mit Tiefladebühne
k	E, F, G, H, T, U	Lastgrenze unter 20 t bei zweiachsigen Wagen
		Lastgrenze unter 40 t bei Drehgestellwagen
	I	Lastgrenze unter 15 t bei Wagen mit unabhängigen Achsen
	I	Lastgrenze unter 30 t bei Drehgestellwagen
l	K, L, O	Lastgrenze unter 20 t
	R, S	Lastgrenze unter 40 t
	E	nicht seitenkippbar
	G	mit weniger als 8 Lüftungsöffnungen
m	I	Wärmeschutzwagen ohne Eiskästen
	K, L, R, O, S	ohne Rungen
	E	Ladelänge unter 7,70 m bei zweiachsigen Wagen
		Ladelänge unter 12 m bei Drehgestellwagen
	G	Ladelänge unter 9 m bei zweiachsigen Wagen
		Ladelänge unter 15 m bei Drehgestellwagen

Kennbuchstabe	Wagengattung	Bedeutung
mm	I	Ladefläche unter 19 m^2**) bei Wagen mit unabhängigen Achsen
	K,O	Ladelänge von 9 bis 12 m
	R	Ladelänge von 15 bis 18 m
	K	Ladelänge unter 9 m
	R	Ladelänge unter 15 m
	E	nicht stirnkippbar
o	I	mit Eiskästen unter 3,5 m^3
	K	mit festen Borden
	R	mit festen Stirnwänden
p	I	ohne Fußbodenroste
	K,L,S	ohne Borde
	R	ohne Stirnwand
	U	für Zement
q	allgemein	mit elektrischer Heizleitung für alle zugelassenen Stromarten
qq	allgemein	mit elektrischer Heizleitung und Heizeinrichtung für alle zugelassenen Stromarten
r	allgemein	mit Dampfheizleitung
rr	allgemein	mit Dampfheizleitung und Dampfheizeinrichtung
s	allgemein	S-fähig, geeignet für Züge bis 100 km/h
ss	allgemein	SS-fähig, geeignet für Züge bis 120 km/h
t	K,L,R,S	stirnseitig lichte Beladebreite unter 2,45 m
u	E,F	mit elektro-hydraulischer Kippeinrichtung
	R	mit festen Seitenwänden
	T	mit Klappdeckeldach
v	allgemein	mit elektrischer Heizleitung für 1000 bzw. 1500 Volt
vv	allgemein	mit elektrischer Heizleitung und Heizeinrichtung für 1000 bzw. 1500 Volt
z	F	Muldenkippwagen
	H	Wagen für Leig-Einheit
	L,S	Niederflurwagen
zz	F	Kübelwagen

*) Abweichungen werden durch Kennbuchstaben ausgedrückt. Die Wagen der Regelbauarten entsprechen im wesentlichen dem nach UIC-Merkblatt Nr. 571 für den internationalen Verkehr zugelassenen Einheitsgüterwagen.

**) Für Kühlwagen mit britischer Begrenzungslinie wird ein anderer Grenzwert vorgeschrieben, der jedoch noch nicht bestimmt ist.

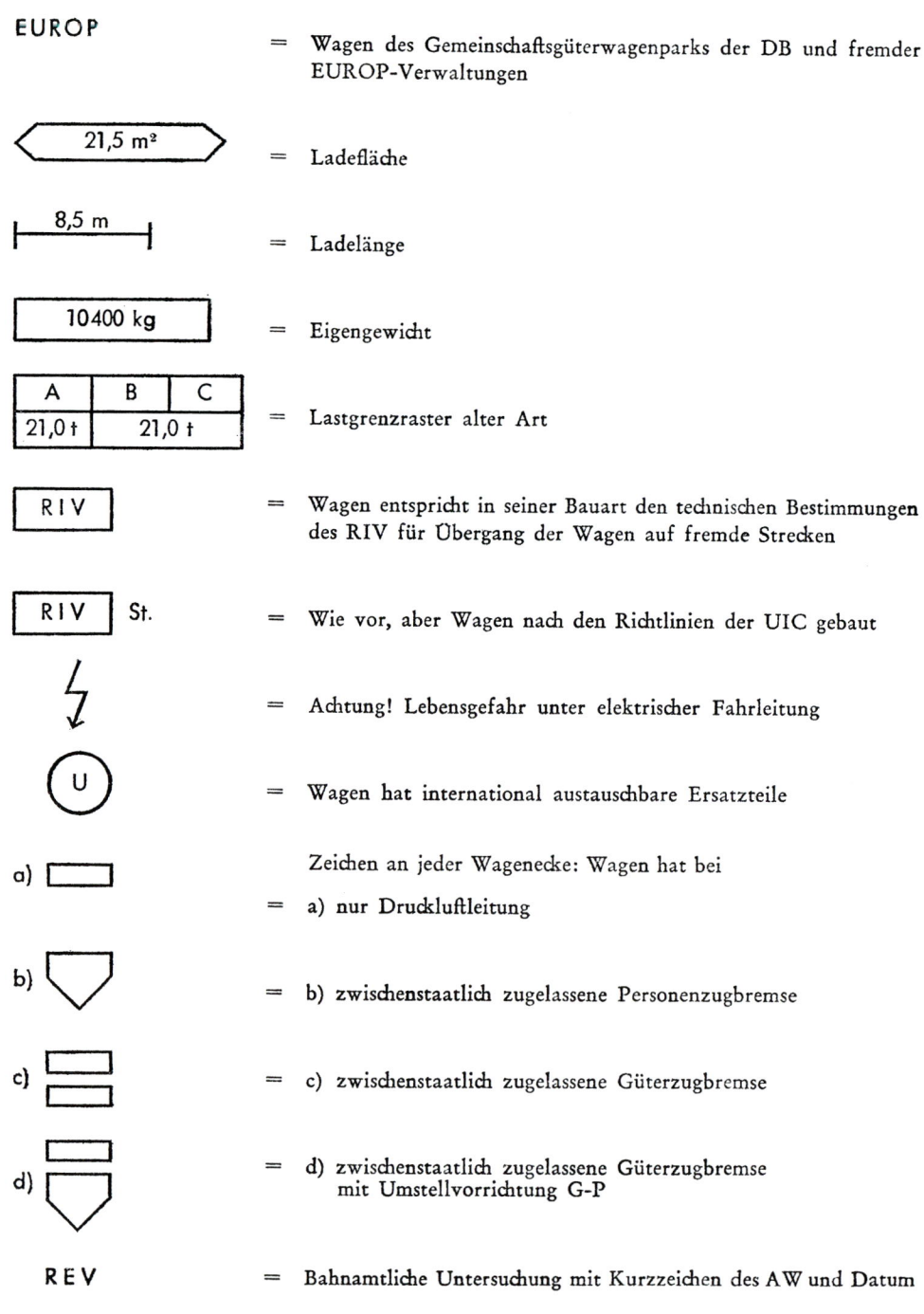

EUROP = Wagen des Gemeinschaftsgüterwagenparks der DB und fremder EUROP-Verwaltungen

21,5 m² = Ladefläche

8,5 m = Ladelänge

10400 kg = Eigengewicht

A	B	C
21,0 t	21,0 t	

= Lastgrenzraster alter Art

RIV = Wagen entspricht in seiner Bauart den technischen Bestimmungen des RIV für Übergang der Wagen auf fremde Strecken

RIV St. = Wie vor, aber Wagen nach den Richtlinien der UIC gebaut

= Achtung! Lebensgefahr unter elektrischer Fahrleitung

U = Wagen hat international austauschbare Ersatzteile

Zeichen an jeder Wagenecke: Wagen hat bei

a) = a) nur Druckluftleitung

b) = b) zwischenstaatlich zugelassene Personenzugbremse

c) = c) zwischenstaatlich zugelassene Güterzugbremse

d) = d) zwischenstaatlich zugelassene Güterzugbremse mit Umstellvorrichtung G-P

REV = Bahnamtliche Untersuchung mit Kurzzeichen des AW und Datum